黑腹果蝇模型的研究应用

HEIFU GUOYING MOXING DE
YANJIU YINGYONG

汪晓纯／著

中国纺织出版社有限公司

图书在版编目（CIP）数据

黑腹果蝇模型的研究应用/汪晓纯著 . --北京：中国纺织出版社有限公司，2023.11
ISBN 978-7-5229-1032-1

Ⅰ.①黑… Ⅱ.①汪… Ⅲ.①果蝇—研究 Ⅳ.①Q969.462.2

中国国家版本馆CIP数据核字（2023）第178306号

责任编辑：闫 婷　责任校对：高 涵　责任印制：王艳丽

中国纺织出版社有限公司出版发行
地址：北京市朝阳区百子湾东里A407号楼　邮政编码：100124
销售电话：010—67004422　传真：010—87155801
http://www.c-textilep.com
中国纺织出版社天猫旗舰店
官方微博 http://weibo.com/2119887771
三河市宏盛印务有限公司印刷　各地新华书店经销
2023年11月第1版第1次印刷
开本：710×1000　1/16　印张：10.75
字数：160千字　定价：98.00元

凡购本书，如有缺页、倒页、脱页，由本社图书营销中心调换

前　言

　　140年来，果蝇作为经典的模式生物在生命科学研究中倍受青睐。黑腹果蝇（*Drosophila melanogaster*）作为研究对象具有体积小，繁殖速度快、培养周期短、染色体数目少、可区分的性状多和实验操作简单等优势。同时，果蝇与人类的基因相似度高达61%。利用具有强大遗传学背景的果蝇进行研究更加有助于人们理解与医学领域相关的细胞生长发育的基本过程。因此，越来越多的科学家选用果蝇作为模式生物进行研究，其中包括：胚胎与器官的发育与形态建立、神经系统的形成与再生、天然免疫系统的建立以及造血系统的形成与功能发挥等。时至今日共有五项诺贝尔医学或生理学奖颁给了利用果蝇模型进行的研究。同时，科学家们成功地利用果蝇建立了与人类疾病相关的模型，如肿瘤模型，心血管疾病模型，肾脏疾病模型，糖尿病模型和神经退行性疾病中的帕金森病、阿尔兹海默病、多聚谷氨酰胺病以及脆性X综合征等模型。通过对果蝇的深入研究，科学家们获得了一种更为简捷、快速和有效的研究方法。

　　器官的形成是一个复杂的生物学过程，需要多个信号途径的共同调节。同时，器官的三维立体结构的形成需要经过空间的划分才能完成精准的细胞区域内的特异分化，最终形成与其他区域存在空间差异的器官部分，从而发挥更为复杂的器官功能。那么，器官精确划分空间并完成空间的组织分化的信号途径与调控机制的研究就成了重点与难点。在过去的几十年中，科学家们致力于研究器官的形态建立机制，希望从中获得更多调控途径的理论依据，并希望能将人体器官的体外再造技术更广泛地应用于人类，从而挽救更多需要进行器官移植的病人。因此，深入研究器官发育以及形态建立就成为亟待解决的首要课题。果蝇作为模式生物已推动了器官形态建立的研究，一些关键的调控机制及信号途径已被发现，已有研究发现果蝇翅的调控机制与哺乳动物的器官形成调控机制十分相似。因此果蝇的翅被广泛地应用于器官发育的调控机制研究。

　　在哺乳动物先天性免疫系统中，免疫细胞能辨认并消灭致病源，对于较大的外源物主要利用接触的方式消灭，而较小的能被吞噬细胞即巨噬细胞直接吞噬，细胞的这种吞噬能力是细胞性先天性免疫的重要特征。研究表明人类很多常见疾病都与免疫系统直接相关，如免疫缺陷病（immunodeficiency diseases，IDD）包括先天性免疫缺陷病和后天继发性免疫缺陷病，其中先天性免疫缺陷病主要包括Bruton综合征、Digeorge综合征（先天性胸腺发育不良）、联合免疫缺陷病等，后天继发性免疫缺陷病包括AIDS、恶性肿瘤、肾病综合征等；此外还有自身免疫性疾病（autoimmune diseases），其中包括I型糖尿病、类风湿性关节炎和乳糜泻等，自身免疫疾病已成为人类的第三大致病、致死原因。果蝇具有与哺乳动物相似的天然免疫调节机制，且没有特异性免疫系统，因此是研究天然免疫的良好模式生物，也是目前在多细胞动物中研究得比较完善的免疫应答模型系统。此外，近年来一些研究发现许多控制血细胞发育的转录调节机制及信号通路在人类与果蝇之间具有高度的保守性，因此果蝇也逐渐成为研究血细胞分化、造血系统内环境稳态及血液疾病的模型。

本书阐述了模式生物果蝇的研究应用情况，共分为两章。其中，第一章介绍果蝇在翅器官发育研究中的应用，包括翅器官的大小、翅脉的形成、翅面刚毛的形态等。第二章介绍果蝇在天然免疫研究中的应用，包括病原菌的吞噬，异物吞噬、抗菌肽的分泌等。第二章还阐述了以果蝇作为模型检测食品添加剂的安全性的相关研究。全书由黑龙江八一农垦大学食品学院汪晓纯完成。感谢黑龙江八一农垦大学学成、引进人才科研启动计划基金支持（XYB201918），感谢黑龙江省博士后资助项目科研启动金资助支持。

金丽华教授和王长远教授团队的成员在实验方法和实验材料提供方面做出了贡献，在此表示感谢。

由于时间仓促和作者水平有限，疏漏和错误之处在所难免，敬请读者不吝指正。

著者
2023年10月

目　　录

第1章　果蝇翅发育研究

1　绪论 ··· 3
  1.1　引言 ·· 3
  1.2　果蝇翅的组织发育 ··· 4
    1.2.1　果蝇的翅膀结构 ··· 4
    1.2.2　果蝇翅脉的命名 ··· 9
    1.2.3　果蝇翅原基的隔间划分与器官成形素 ··············· 11
    1.2.4　器官成形素相关的信号通路 ·························· 13
    1.2.5　果蝇翅脉的形成 ·· 21
  1.3　果蝇平面细胞极性 ·· 22
  1.4　果蝇翅膀的组织修复 ··· 23
  1.5　*anchor* 基因的研究进展 ····································· 23
  1.6　*jumu* 基因的研究进展 ······································· 24
  1.7　本研究的目的与意义 ··· 25

2　Anchor 在果蝇翅发育中的功能研究 ························ 27
  2.1　材料与方法 ··· 27
    2.1.1　实验材料 ·· 27
    2.1.2　实验方法 ·· 28
  2.2　结果与分析 ··· 34
    2.2.1　*anchor* 基因的位点与同源性分析 ···················· 34
    2.2.2　低表达 *anchor* 基因对翅脉的发育的影响 ·········· 34
    2.2.3　低表达 *anchor* 基因对翅膀面积的影响 ············ 36
    2.2.4　低表达 *anchor* 基因分别对幼虫期与蛹期翅发育的影响 ····· 38

    2.2.5　Anchor 在翅膀中的定位 ·· 40
    2.2.6　Anchor 低表达翅原基的细胞增殖分析 ···························· 40
    2.2.7　低表达 anchor 翅原基中 BMP 信号靶基因表达量分析 ······ 42
    2.2.8　Anchor 低表达对蛹期前体翅脉的影响 ···························· 43
    2.2.9　BMP 信号通路的上位效应分析 ·· 45
    2.2.10　Anchor 作用于 BMP 信号配体具有选择性 ···················· 48
  2.3　讨论 ··· 49
  2.4　小结 ··· 52

3　Jumu 在果蝇翅发育中的功能研究 ·· 53
  3.1　材料与方法 ··· 53
    3.1.1　实验材料 ··· 53
    3.1.2　实验方法 ··· 53
  3.2　结果与分析 ··· 54
    3.2.1　jumu 突变体成虫翅膀表型分析 ·· 54
    3.2.2　Jumu 在幼虫与蛹期翅膀中的定位 ···································· 57
    3.2.3　jumu 低表达翅原基的细胞凋亡 ·· 58
    3.2.4　低表达 jumu 翅原基的 JNK 信号分析 ······························ 58
    3.2.5　JNK 信号的上位效应实验 ·· 62
    3.2.6　降低 jumu 翅原基 Wnt 信号的分析 ··································· 64
    3.2.7　jumu 突变体多刚毛表型分析 ··· 64
    3.2.8　Rho1 过表达的恢复实验 ··· 65
  3.3　讨论 ··· 68
  3.4　小结 ··· 70
  3.5　结论 ··· 71

第 2 章　果蝇的天然免疫研究

1　绪论 ··· 75
  1.1　黑腹果蝇研究进展 ··· 75
  1.2　果蝇的天然免疫 ··· 76

  1.2.1 体液免疫 ………………………………………………… 76
  1.2.2 细胞免疫 ………………………………………………… 77
  1.2.3 黑化反应 ………………………………………………… 78
 1.3 Notch 信号转导通路对天然免疫的影响 …………………………… 79
 1.4 E（spl）基因的研究进展 ……………………………………………… 79
 1.5 CG7510 基因的介绍 …………………………………………………… 80
 1.6 P 因子系统 ……………………………………………………………… 81
  1.6.1 P 因子简介 ……………………………………………… 81
  1.6.2 P 因子在果蝇中的应用 ………………………………… 82
 1.7 果蝇模型在食品添加剂安全性检测中的应用 …………………… 82
 1.8 本研究的目的及意义 ………………………………………………… 84

2 材料 …………………………………………………………………………… 86
 2.1 果蝇品系及培养方法 ………………………………………………… 86
  2.1.1 果蝇的野生型品系及突变体品系 …………………… 86
  2.1.2 培养方法 ………………………………………………… 86
 2.2 病原体 …………………………………………………………………… 86
  2.2.1 病原体种类 ……………………………………………… 86
  2.2.2 荧光标记的病原体 ……………………………………… 87
 2.3 试剂与培养基 ………………………………………………………… 87
  2.3.1 试剂 ……………………………………………………… 87
  2.3.2 培养基 …………………………………………………… 87
 2.4 主要仪器 ………………………………………………………………… 88

3 实验方法 ……………………………………………………………………… 89
 3.1 成虫的生存率 ………………………………………………………… 89
 3.2 成虫血细胞的噬菌作用 ……………………………………………… 89
 3.3 分析浆细胞的数量 …………………………………………………… 89
 3.4 果蝇总 RNA 提取 ……………………………………………………… 90
 3.5 RNA 反转录为 cDNA …………………………………………………… 90
 3.6 RT-PCR 检测血细胞发育相关基因 ………………………………… 91

- 3.7 定量 PCR 测定抗菌肽的表达量 ⋯⋯⋯⋯⋯⋯⋯⋯⋯⋯⋯⋯⋯⋯⋯⋯ 92
- 3.8 幼虫血细胞的吞噬作用 ⋯⋯⋯⋯⋯⋯⋯⋯⋯⋯⋯⋯⋯⋯⋯⋯⋯⋯ 93
- 3.9 血细胞肌动蛋白染色 ⋯⋯⋯⋯⋯⋯⋯⋯⋯⋯⋯⋯⋯⋯⋯⋯⋯⋯⋯ 93
- 3.10 P 因子切除技术获得低表达突变体 ⋯⋯⋯⋯⋯⋯⋯⋯⋯⋯⋯⋯⋯ 94
- 3.11 果蝇基因组 DNA 的提取方法 ⋯⋯⋯⋯⋯⋯⋯⋯⋯⋯⋯⋯⋯⋯⋯ 95
- 3.12 PCR 检测 P 因子切除情况 ⋯⋯⋯⋯⋯⋯⋯⋯⋯⋯⋯⋯⋯⋯⋯⋯ 96
- 3.13 RT-PCR 检测制备突变体 *CG7510* 的表达量 ⋯⋯⋯⋯⋯⋯⋯⋯⋯ 97
- 3.14 食品添加剂安全性果蝇检测模型 ⋯⋯⋯⋯⋯⋯⋯⋯⋯⋯⋯⋯⋯⋯ 97

4 结果与分析 ⋯⋯⋯⋯⋯⋯⋯⋯⋯⋯⋯⋯⋯⋯⋯⋯⋯⋯⋯⋯⋯⋯⋯⋯⋯⋯ 99
- 4.1 *E*（*spl*）基因对果蝇天然免疫的影响 ⋯⋯⋯⋯⋯⋯⋯⋯⋯⋯⋯⋯ 99
  - 4.1.1 *E*（*spl*）基因对果蝇生存率的影响 ⋯⋯⋯⋯⋯⋯⋯⋯⋯⋯ 99
  - 4.1.2 *E*（*spl*）突变体血细胞噬菌功能降低 ⋯⋯⋯⋯⋯⋯⋯⋯⋯ 100
  - 4.1.3 *E*（*spl*）突变体血细胞数量异常增加 ⋯⋯⋯⋯⋯⋯⋯⋯⋯ 101
  - 4.1.4 *E*（*spl*）基因对体液免疫的影响 ⋯⋯⋯⋯⋯⋯⋯⋯⋯⋯ 102
- 4.2 *CG7510* 基因对果蝇天然免疫的影响 ⋯⋯⋯⋯⋯⋯⋯⋯⋯⋯⋯⋯ 103
  - 4.2.1 *CG7510* 突变体幼虫血细胞吞噬作用降低 ⋯⋯⋯⋯⋯⋯⋯ 103
  - 4.2.2 *CG7510* 突变体血细胞肌动蛋白分布异常 ⋯⋯⋯⋯⋯⋯⋯ 104
  - 4.2.3 血细胞发育相关基因的检测 ⋯⋯⋯⋯⋯⋯⋯⋯⋯⋯⋯⋯⋯ 105
- 4.3 检测低表达突变体 *CG7510* mRNA 的表达量 ⋯⋯⋯⋯⋯⋯⋯⋯⋯ 106
- 4.4 低表达 *CG7510* 突变体的制备 ⋯⋯⋯⋯⋯⋯⋯⋯⋯⋯⋯⋯⋯⋯ 106
  - 4.4.1 纯合突变体果蝇的筛选 ⋯⋯⋯⋯⋯⋯⋯⋯⋯⋯⋯⋯⋯⋯⋯ 107
  - 4.4.2 *CG7510* 突变体 mRNA 水平检测 ⋯⋯⋯⋯⋯⋯⋯⋯⋯⋯⋯ 109
- 4.5 食品添加剂对果蝇生长发育的影响 ⋯⋯⋯⋯⋯⋯⋯⋯⋯⋯⋯⋯⋯ 110
  - 4.5.1 三龄幼虫期食品添加剂对果蝇的生长影响 ⋯⋯⋯⋯⋯⋯⋯ 110
  - 4.5.2 蛹期食品添加剂对果蝇的生长影响 ⋯⋯⋯⋯⋯⋯⋯⋯⋯⋯ 110
  - 4.5.3 成虫期食品添加剂对果蝇的生长影响 ⋯⋯⋯⋯⋯⋯⋯⋯⋯ 112
  - 4.5.4 食品添加剂对果蝇后代的存活能力的影响 ⋯⋯⋯⋯⋯⋯⋯ 112
  - 4.5.5 食品添加剂对果蝇成虫行为能力的影响分析 ⋯⋯⋯⋯⋯⋯ 114

5 讨论 ……………………………………………………………… 116
5.1 E（spl）对果蝇天然免疫的影响……………………………… 116
5.2 CG7510 对果蝇天然免疫的影响 ……………………………… 117
5.3 CG7510 对果蝇血细胞发育的影响 …………………………… 118
5.4 CG7510 新型突变体的构建 …………………………………… 119
5.5 结论 …………………………………………………………… 120

参考文献 ……………………………………………………………… 123

图书彩图资源

第1章 果蝇翅发育研究

1 绪论

1.1 引言

近年来，林业经济日益成为国民经济的重要组成部分，由于木材需求的不断增长，人工造林的面积也不断增加，人工造林大部分组成都是由单纯林组成的，致使病虫害更易发生。同时，防治手段跟不上病害防治的要求，因此森林虫害面积不可避免地出现了大量增加现象。调查表明，对森林危害较为严重的虫害主要包括松毛虫、天牛（类）、杨扇舟蛾等。由于森林地域的特殊性，因此虫害的检测预报存在一定难度，同时虫害的繁殖能力极强，在防治过程中一旦稍有疏忽就容易酿成大面积爆发的态势。然而传统森林害虫一直以来得不到彻底的控制，总是反复爆发，所以森林虫害具有顽固性。翅是昆虫最大的附属物，是重要的飞行器官。翅的发育分化与昆虫的个体发育紧密联系，对昆虫翅发育的研究有助于阐述昆虫的发育过程。另外，翅的形成利于昆虫的迁徙、繁殖、转移，扩大生活范围，因此翅的形成是一些森林害虫泛滥的主要原因之一，研究翅发育分化过程有助于我们从翅发育的角度来控制森林害虫。

果蝇是研究翅发育的主要模式生物之一，果蝇的繁殖能力强、周期短，且果蝇的翅结构简单便于研究，也是目前昆虫研究中遗传学背景比较完善、科学理论比较完备的翅模型。此外，近年来一些研究发现许多调控翅发育分化的转录调节机制与信号在哺乳动物与果蝇之间具有高度的保守性，因此，果蝇的翅机制研究为哺乳动物器官发生、组织细胞分化与器官损伤修复提供了广泛的理论基础。

1.2 果蝇翅的组织发育

昆虫发育的两种类型包括完全变态（holometabolism）发育和不完全变态（hemimetabolism）发育。昆虫在个体发育中，经过卵、幼虫、蛹和成虫等4个时期的叫作完全变态，如蝶、蚊。昆虫在个体发育中，只经过卵、若虫和成虫等3个时期的，叫作不完全变态，如蜻蜓、螳螂。果蝇的发育过程属完全变态发育，因此果蝇的翅发育经过幼虫时期的翅成虫盘（wing imaginal disc，翅原基）、蛹期翅膀、成虫翅膀3个阶段。幼虫时期翅原基的发育主要完成翅膀的形态学前/后（anterior/posterior，A/P）、背/腹（dorsal/ventral，D/V）确立，以及翅膀组织的增殖与分化、前体翅脉的形成等。蛹期阶段翅膀的发育主要完成翅脉（wing veins）的确立、刚毛（wing hair）的形成等。蛹期翅发育到晚期时，形态与成虫基本相似，果蝇羽化时经过蛹期翅膀的翅面伸展、翅脉的充盈支撑最终形成成虫翅膀。

1.2.1 果蝇的翅膀结构

1.2.1.1 幼虫翅原基的形态发育过程

在果蝇中，幼虫发育发生在卵孵化和化蛹之间的96h（25℃）期间。幼虫期包括3个阶段——一龄幼虫期、二龄幼虫期、三龄幼虫期（图1-1-1）。幼虫含有内部上皮组织结构，其经过生长和发育以形成成虫外部附属结构。成虫头部、翅膀、胸部、腿和生殖器的祖细胞组织的统称为成虫盘（imaginal discs）。成虫盘是成虫器官起始萌芽的幼虫组织，因此翅原基是从成虫盘发育而来。在胚胎发育时期，翅原基是由胚胎上皮内陷形成的10~40个细胞的小簇组成。经过3个幼虫阶段，原来的细胞小簇逐渐分裂形成大约50000个细胞的翅原基。成熟的翅原基是一个扁平囊状结构，具有两个不同的表面：较薄细胞层的围肢膜（peripodial epithelium，PE）和较厚的、褶皱的细胞组织翅原基上表皮（disc proper，DP）（图1-1-2）。DP和PE的细胞在形态上是不同的（图1-1-2A）。整个发育阶段，翅原基经历了复杂的组织形态变化过程。幼虫一龄到二龄早期，这时翅原基所有细胞都是立方体，之后 DP 细胞开始拉长为柱状细胞，PE 中间区域细胞开始变短为鳞片状细胞，但边缘区域的细胞仍保持立方体结构，这段短窄单元被称为"立方形边界"单元（图 1-1-2B）。PE 和 DP 的顶端表面是相对的，并且在两层之间的一些区域形成腔。从三龄幼虫早期开始，DP 细胞层特定区域细胞由顶端缩短、内陷而形成沟壑，从而将细胞层细分为背板（notum）、铰链（hinge）以及翅囊区（pouch）。到三龄幼虫末期，翅原基形态发生完成（图 1-1-2C），随后进入蛹期的变态发育阶段。在过去的 100 年中，大部分研究表明 PE 主要在成虫盘融合和外翻的变态过程中起作用，这种过程使得成虫盘从扁平囊状结构组织转变为具有三维复杂结构外部附属物。PE 几乎不形成成体结构部分，而 DP 不仅形成成虫的翅膀与铰链结构，而且会形成大部分成虫的胸部结构。因此，翅膀组织形态与细胞分化等大部分发育过程是通过 DP 组织内的信号转导与相关基因功能的表达实现的。在过去的 20 年中，研究人员运用了分子和遗传技术以深化我们对 PE 及其在组织发育中发挥作用的理解。越来越多的研究显示 PE 功能比以前的认知更复杂、更活跃。例如，PE 对于 DP 细胞的存活和增殖是必须的，并且对细胞隔间（cell compartment）的形成有直接影响。

1.2.1.2 蛹期翅膀的形态发育过程

果蝇幼虫阶段发育完毕后将进入蛹期的变态发育，变态发育过程主要通过果蝇蜕皮激素（20-hydroxyecdysone，20-HE）的两个分泌周期完成的，一个分泌周期包括一个峰值一个谷值。幼虫期到蛹期需经过一个过渡阶段，即预蛹期（white prepupa）。预蛹期将持续 12h，这是指蛹壳的形成（white prepupa，白色预蛹）直到蛹化完成（head eversion，头部外翻）这

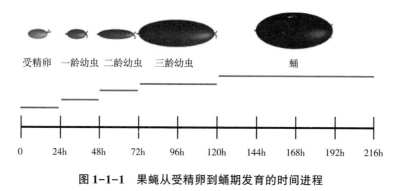

图 1-1-1　果蝇从受精卵到蛹期发育的时间进程

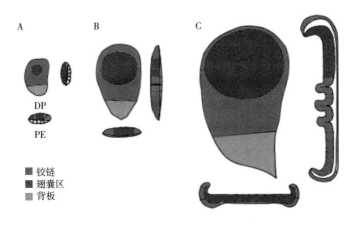

图 1-1-2　幼虫期翅原基的结构

A——一龄幼虫翅原基。B——二龄幼虫翅原基。C——三龄幼虫翅原基。

一阶段。蛹期将持续84h，指化蛹开始到羽化为成虫这段时间。在蛹期翅发育过程中许多细胞活动将发生两次，分别在预蛹期和蛹期各发生一次。

以下为蛹期翅发育的介绍。

（1）第一次"并置"（图1-1-3A）。

在预蛹期开始的前4h，由于蜕皮激素的升高导致三龄幼虫翅原基中心折叠的单层上皮转化为双层。即通过一系列细胞的形状变化完成背侧和腹侧上皮的并置，同时也包括翅膀的伸长与外翻。在并置期结束时，背侧和腹侧的翅膀上皮的基部表面非常贴近，但两片翼层中间仍留有舌状的通道，并且此时两片翼层的细胞仍是柱状细胞。同时，这些柱状细胞大部分处于有丝分裂间期的G2期，并不进行细胞的增殖。

（2）第一次"扩展"（图1-1-3B）。

4~7h时，翼层上皮变平并增加表面积，呈现出更像翼状的外观。扩展开始于翅原基边缘并向内延伸。相互贴近的翼层表皮预留出成虫翅脉通道。其中两个通道（L1和L3）为感觉神经束从翅原基周围迁移到中枢神经系统形成了通道，这一过程在此阶段开始并在16h内完成。到4h时，由于蜕皮激素的下降，蛹的角质层开始沉积在顶端细胞表面，直到7h，翅原基顶端表面就被高度复杂并且连续的角质层所覆盖。基部的细胞也高度地复杂化并且嵌入了由翅原基细胞分泌基质中，但这一阶段基部的连接仍未完成。

(3) 第一次"黏附"（图 1-1-3C）。

8~11h 翅膀形状几乎没有变化，但是翅原基沉积了外角质层和部分前角质层。扁平的翅原基组织外包裹了非渗透性的角质层，因此使其更好地保护了细胞间的超微结构。然而，由于基底连接在前一阶段中并没有形成，并且将持续到下一阶段才会形成，所以我们推断在此期间翼层基部连接将在靠近的基底表面之间发展。

(4) 第一次"分离—跨导连接"（图 1-1-3D、E）。

相互黏附的翅膀表皮在 11h 开始分离并允许两翼层之间的固定渗透。两翼层表面通过细胞质进行连接，并穿插在翅囊腔之间。微管组织出现在顶端半桥粒中，并且插入翼层基部连接处，从而形成第一个跨导装置（图 1-1-3C、D）。然而，在翅膀的中心，这些微管组织不延伸到基部连接处，因此还不是真正的"跨导"（图 1-1-3B）。

12h 时由于腹部收缩将导致头部外翻。这时由于血淋巴的流入迫使背侧和腹侧的翼层进一步分开，直到蛹期翅膀再次呈现为膨胀的囊状结构。这种极端的分离破坏了大部分的跨导结构，仅保留了在边缘的部分跨导组织。然而，在体外培养的翅膀中，以上分离现象并不极端，并且典型的跨导连接保持较为完整。15~24h 时翼层细胞开始进行有丝分裂，17~18h 时有丝分裂达到高峰。为了进行细胞分裂，蛹期翅膀更加紧密地聚集在一起，使其分泌的微管蛋白进一步装配成细胞器纺锤体的微管。因此，为了实现翅发育的最后一轮有丝分裂的发生，跨导组织的破坏也是必要条件之一。

随着蛹期的继续，蛹角质层进一步沉积。蛹角质层被分解（即从上皮分离）并松散地包住蛹期翅膀以便进一步发育。18h 时蜕皮激素 20-HE 浓度上升，这也预示着下一个发育阶段的形态发生即将展开。

(5) 第二次"并置"（图 1-1-3F）。

在 20~35h 蜕皮激素 20-HE 水平仍然持续升高并且不再有角质层的沉积。这个时期的蜕皮激素主要用于背侧和腹侧上皮细胞的再次利用。蜕皮激素从翼层顶端上皮细胞的细胞质中分泌到翼层基部细胞表面并通过翼层间的空腔，直到其抵达另一翼层顶端上皮细胞的另一侧。这是一个较为精确且复杂的生物学过程。这个过程中由于翅脉逐渐形成致使两翼层之间形成开放空间，即翼腔。直到化蛹后分散在整个翼腔中的大量血细胞最终限制在翅脉中。在第二次并置的过程中，脉间区翅膀细胞的胞空间被赋予了"海绵状"的质感。随着翼层上皮细胞变成了柱状，这种"海绵状"胞外物质逐渐消失。在这段时期结束时，蛹期的翅膀呈现出和成虫翅膀一样的翅脉形态。脉间区基部细胞再一次靠近，但细胞外空间仍然很明显。

（6）第二次"黏附"（图1-1-3G）。

当翼层上皮仅由静脉中断的柱状细胞整齐排列组成时，细胞外空间持续减少直至大约40h时（图1-1-3A），背侧和腹侧翼层细胞之间出现基底连接（图1-1-3B），并且刚毛从翼层顶端细胞表面迅速萌出。在此期间的后期，成虫角质层开始沉积。这是一个短暂但重要的发育阶段。

（7）第二次"扩展"（图1-1-3H）。

从大约45h开始，蛹期翅膀开始横向，并在50h后以特有的方式折叠在蛹的蛹角质层中。"扩展"后的翅膀面积会增加2~3倍，刚毛的基座也在这一阶段产生。背侧和腹侧两翼层细胞与其相邻的基底侧分离，从外侧形成新的细胞外空间。这些空间充盈着由脉间区细胞分泌的细胞基质。

（8）第二次"分离—跨导连接"（图1-1-3I）。

到60h时由于翅膀的扩张和折叠完成，细胞外空间进一步扩大。尽管这被称为"分离"时期，但与第一轮分离相比，背侧和腹侧两翼层之间的距离分离得较小。这个阶段主要用于强调第二次"跨导"形成细胞骨架的过程。"跨导"微管结构在60h时开始出现，并在84h后完成顶端半桥粒与基底部的链接。微管的延伸方向基本定向，另外有一些超微结构证据表明将微管连接到基底连接处的细胞基质。第二次"跨导"微管结构与正常的结构不同，是由15个而不是13个原纤维丝组成。"跨导"细胞骨架还含有平行的肌动蛋白纤维丝，其排列方式也是定向的。

在60h时，内表皮的沉积已经开始，但刚毛上的角质层更厚一些，包括微丝在内的细胞基质逐渐从刚毛中流失，而刚毛的基座变大并且含有大部分细胞器（图1-1-3C）。蜕皮激素20-HE浓度在60~65h降至基础水平，成虫翅膀角质层的沉积完成，并且刚毛的颜色变深。

（9）羽化。

在96h羽化后发生翅发育的最后阶段。翅膀展开褶皱，毛发基座消失并且脉间区细胞退化，从而使背侧角质层直接与腹侧角质层相贴近。此外，翅脉周围的细胞对保持翅脉腔隙开放提供了保障。

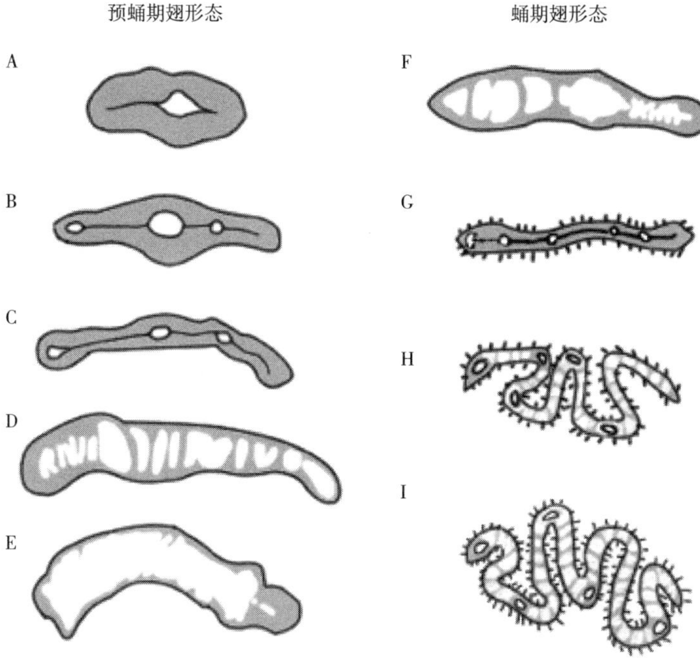

预蛹期翅形态　　　　　　蛹期翅形态

图 1-1-3　蛹期翅发育横切示意图

1.2.2　果蝇翅脉的命名

翅脉细胞分布在成虫翅两翼层之间，这些细胞分泌的角质层颜色较深，质地较硬，并且这些细胞比脉间区的细胞更加密集（图 1-1-4）。果蝇从幼虫期发育到蛹期后不久脉间区细胞就会消失，此时翅脉细胞就是翅膀中的唯一的活细胞。然而，个别翅脉在某些方面又有所不同。例如，某些翅脉在一个翅面是突出表面的，另一侧则是处于平面下的，从而在这一区域展现出背侧或腹侧的波纹，有一些研究涉及这些背侧或腹侧的翅脉，其中只有一部分翅脉拥有感觉器官以及其相关的神经束。

在果蝇研究中最常用的命名法中（图 1-1-4A），有 5 个主要纵向脉（LV）（L1-5，longitudinal veins，LVs），由近端向远端延伸；两个较小的纵脉（L0 和 L6）；还包含 3 个横脉（CV），桥式接 L3-L4 和 L4-L5，并分别位于翅膀的前后两部分，即 ACV 和 PCV 以及在前翅边缘和 L0 之间延伸的肩横脉（humeral crossvein，HCV）。果蝇翅膀的前缘翅脉的命名较为混乱，由于其近端与L1相连，因此有人称前缘翅脉为L1的延伸翅脉，但大多数的研究均称前缘翅脉为边缘翅脉（wing margin vein）。本文使用的命名为边缘翅脉。

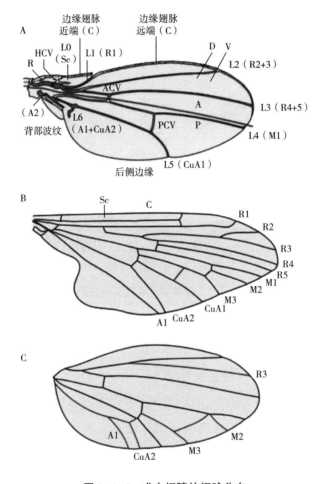

图1-1-4　成虫翅膀的翅脉分布

A—果蝇成虫翅膀的分布。B—古老物种 *Lygistorrhina sanctaecatherinae* 翅膀的翅脉分布。C—人工遗传学转基因果蝇模拟祖先翅脉的分布。

黑腹果蝇是一种高度衍生的蝇科生物，并且其祖先的翅膀可能含有多个额外的翅脉，这些翅脉在进化过程中通过遗失或者融合的方式最终形成果蝇翅脉模式（图1-1-4A、B）。因此一些研究将它们的命名法建立在假定的黑腹果蝇对其他蝇科生物的翅脉的同源性的基础上而命名的。然而这样的命名会因为不同的蝇属生物而产生分歧。尽管如此，相比之下我们应该更关注那些在进化过程中消失的翅脉的发育机制，这会为我们研究物种进化和发育进程提供更多的理论基础。果蝇的确保留了一些翅脉进化的信息，我们可以通过一些遗传学手段模拟果蝇祖先的翅脉形成模式（图1-1-4C）。如果翅脉在进化过程中发生了融合，那么一个果蝇的翅脉与多个祖先的翅脉的形成将共享同一个机制，这为我们研究翅脉发育提供了更多理论依据。

1.2.3　果蝇翅原基的隔间划分与器官成形素

在果蝇的器官发育过程中，胚胎时期翅原基仅为10~40个细胞组成的细胞簇，这些细胞并不参与到幼虫的生命活动中，而是迅速增殖分化成上万个细胞组织，即外部形态为扁平囊状结构的翅原基。在此过程中每个翅原基发生细胞是怎样接收指令，并在特定的位置形成特定的组织结构，从而建立完整的三维构造以发挥翅原基的功能的？这是研究翅发育的核心问题之一，这也吸引了诸多生物学家采用各种生物学手段深入探究果蝇翅膀的构建机制。

1.2.3.1　翅原基的隔间

长久以来的研究表明，有一组特定的细胞簇可以通过非自主的方式决定周围细胞的命运，即"组织者"。组织者在发育进程中起到发出指令的作用，指导并控制器官的形成。在组织器官的发育过程中，细胞通过生长与增殖提供了组织建成的基本条件，此外这些细胞还进一步分为几个不同的小的功能单位，这种功能单位区域的划分为器官的形成提供了空间结构建立的条件。处于同一区域的细胞的功能相同并能混合，而位于区域边界的细胞可以区分彼此从而产生了一个区域与另一个区域的界线。那么这种处于边界的细胞对于组织建立功能区域是十分关键的，这些边界细胞增殖后还是彼此分离，互不影响彼此区域内细胞的增殖与分化。因此，我们称这种具有细胞限制功能的彼此隔离的区域为隔间，同时相邻隔间的边界细胞就组成了隔间边界。果蝇的翅原基就分为4个隔间：前/后和背/腹隔间。前/后（anterior/posterior，A/P）隔间起始于胚胎发生期终止于一龄幼虫初期，位于A/P边界的细胞在成虫翅膀中没有体现出明显的结构，这个边界仅位于 L3 和 L4 之间的脉间区。而背/腹（dorsal/ventral，D/V）隔间形成于二龄幼虫期，与 A/P 边界不同，D/V 边界在成虫翅膀中形成翅膀边缘（wing margin）的结构（图 1-1-5）。这些处于隔间界限的细胞被称为组织者，以指导翅原基的构造形成。A/P 和 D/V 的隔间边界的细胞作为组织者以调控翅膀的形态建立。

1.2.3.2 选择者基因对隔间建立的贡献

隔间边界的确立与维持需要"选择者基因"（selector gene）的调控。选择者基因常位于信号通路上具有同源结构域的转录因子。选择者基因包括 *engrailed*（*en*）和 *apterous*（*ap*），分别表达在翅原基的后隔间和背隔间区域，并调控各自隔间的细胞的发育与分化（图 1-1-5）。

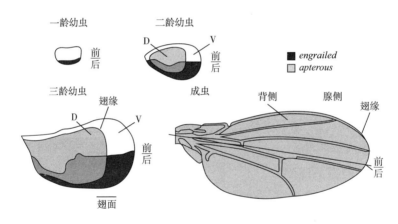

图 1-1-5　果蝇翅膀隔间的建立

一龄幼虫翅原基已经存在 A/P 边界并通过 *en* 选择者基因维持隔间的建立，二龄幼虫开始建立 D/V 边界并通过 *ap* 选择者基因维持隔间的建立。A/P 边界在成虫翅膀上没有明显的组织结构，但 D/V 边界在成虫翅膀时会形成翅膀的边缘结构，包括边缘翅脉和边缘刚毛。

选择者基因 *en* 决定后隔间的细胞的特异性，其通过编码的转录因子调节 *hedgehog* 基因在后隔间的表达以抑制该隔间区的细胞对器官成形素 Hh 蛋白分子的应答。Hh 是一种短途的信号蛋白，其可以由后隔间向前隔间传递信号，并形成浓度梯度。因此，前隔间的细胞只有能够靠近 A/P 边界才能识别 Hh 配体从而引起 Hh 信号的激活。即使 Hh 在整个 posterior 区域表达，但发挥作用的却只靠近 A/P 边界的呈带状的 anterior 区的 3~4 个细胞带。同时 Hh 信号被激活的细胞位于翅原基中心区域，这血细胞会表达

Hh 信号的靶基因 *dpp*。*dpp* 另一种器官成形素，表达了 *Dpp* 的细胞就会成为翅原基发育的组织者。*Dpp* 信号是一种长途的信号蛋白，是 TGFβ 家族成员。*Dpp* 通过由 A/P 界限向两侧隔间区域建立浓度梯度从而进一步指导翅原基的区域化的生长与发育。

选择者基因 *ap* 决定被替换成背隔间的细胞特异性，与 *en* 相似 *ap* 同样可以引起抑制 dorsal 的细胞向 ventral 的混合。distal 隔间的细胞均表达 *ap* 基因，而 ventral 隔间则不表达。D/V 边界的细胞通过 Delta 和 Serrate 两个 Notch 信号的配体激活该信号，进一步引起 Wg 成形素在 D/V 边界细胞表达。Delta 配体蛋白在 dorsal 和 ventral 两个区域均表达。*ap* 转录因子激活 Fringe 和 Serrate 两个配体蛋白特异性的表达在 ventral 区域。Fringe 可以抑制 Serrate 配体对 N 信号的激活但可以促进 Delta 对 N 信号的激活。那么在 ventral 隔间区域 Fringe 不表达，沿 D/V 边界的 Serrate 可以激活 N 信号，在 dorsal 隔间区 Fring 表达后促进 Delta 在 drosal 隔间区激活 N 信号。因此，通过以上 3 种蛋白的相互作用导致 N 信号在 D/V 边界区域的激活。此外，激活后 N 信号会导致靶基因 *wg* 的转录，从而引起 Wg 成形素在 D/V 边界向两侧建立浓度梯度并指导翅原基在 D/V 隔间区的生长和发育。D/V 边界的分泌 Wg 蛋白的细胞即为这两个隔间的组织者。

近年来的研究表明除了以 A/P 和 D/V 轴线发育的隔间划分外，近/远（proximal-distal axis，P/D）的轴线发育逐渐为人所知。近/远即更靠近躯体一侧为近端，远离躯体一侧为远端。那么沿 P/D 方向发育会影响到果蝇的背板、胸膜、翅膀铰链和翅面的发育。已经报道参与 P/D 轴线为组织中心的发育相关的基因包括 *al*、*zfh2* 和 *stat92E*，但具体的分子机制还需深入探索。

1.2.4 器官成形素相关的信号通路

隔间的确立是由选择者基因在不同区域的表达引起的，隔间区域内的细胞可以混合但与外部细胞保持隔离状态。隔间边界细胞具有特殊性，成为器官建立的组织者，接收由相邻隔间传递的信号进而激活相应的信号途径分泌成形素，建立浓度梯度指导器官的生长与发育。翅原基中隔间的建立主要涉及的成形素包括 Hh、Dpp、Wg。这些成形素将激活相应隔间的细胞，促进相应的信号途径的靶基因的转录，进而调节翅原基细胞的生长与发育。

1.2.4.1 Hedgehog 信号——Hh 成形素

Hh 成形素是首次出现的成形素，由于 A/P 隔间的建立起始于胚胎发生时期，该成形素较另外两种发挥作用更早些。Hh 分泌取决于两组蛋白的平衡，一组为 Dispatched、Dlp 和 Dally，这 3 个蛋白可以促进 Hh 配体蛋白释放并穿过组织；另一组为 Ihog 和 Boi，这两个蛋白可以抑制 Hh 释放。成熟的 Hh 蛋白携带 N—末端棕榈酸和 C—末端胆固醇复合物，这可以影响其穿过组织的运动和信号分子的强度。Hh 在组织中运动通常需要蛋白质连接到细胞膜的脂质修饰，所以 Hh 通过利用多聚体、囊泡和脂蛋白包装双聚体的脂质修饰以顺利穿过组织。近年来研究发现了 Hh 运动的新模型，即 Hh 沿细胞导管穿过组织，长度可达 70μm。

在大多数情况下，Hh 信号通过调节 Cubitus Interruptus（Ci）转录因子的翻译后修饰来调控组织发育（图 1-1-6）。在不结合 Hh 配体的情况下，信号处于关闭状态，Ci（155kDa）与激酶蛋白激酶 A（PKA）、酪蛋白激酶 1（CK1）和糖原合酶激酶 3（GSK3）磷酸化 C 端组成蛋白复合体，并称为 Ci^F。由于 Ci^F 上存在多个磷酸位点从而构成 SCF^{Slimb} 泛素化引发的条件，导致蛋白酶体通过降解作用降解了 Ci 的 C 末端反式激活域。降解后得到了 75kDa 的 Ci，其包含一个 N—末端锌指 DNA 结合域并成为转录抑制因子，这被称为 Ci^R，Ci^R 将导致 Hh 信号无法激活靶基因的转录。Ci^F 的多个激酶复合体通过 Cos2 复合，Cos2 是一种驱动蛋白，可作为 Hh 信号元件的支架媒介。但当 Hh 配体与 Patch（Ptc）受体结合时，使 Ptc 对 Smoothened（Smo）解禁（图 1-1-6B），同时 Smo 从细胞质中转移到细胞表面并大量积累。活化后的 Smo 与 Cos2 和 Fu 相互作用增强，从而促进 Fu 二聚化和激活。活化的 Fu 通过破坏 Cos2 与 Ci 的结合，从而促进 Hh 信号转导。当 Cos2 蛋白的 Ser572 发生磷酸化，进一步阻止 PKA、GSK3 和 CK1 的 Ci^F 磷酸化和对 Ci^R 的蛋白的酶解。活化的 Fu 还会破坏 Su（fu）对 Ci^F 的细胞微丝螯合作用，从而导致 Ci^F 进入细胞核并诱导相应的靶基因转录。

Hh 成形素对于 anterior 边界细胞接收信号是十分关键的。对于翅原基的发育的主要贡献有 3 点。首先，Hh 通过对 Ci 的调控实现 anterior 与 posterior 隔间间的细胞不会混合，即形成 A/P 边界的基础。其次，在 A/P 边界由 Hh 确立了一致的成形素浓度。最后，在 anterior 的边界细胞中激活

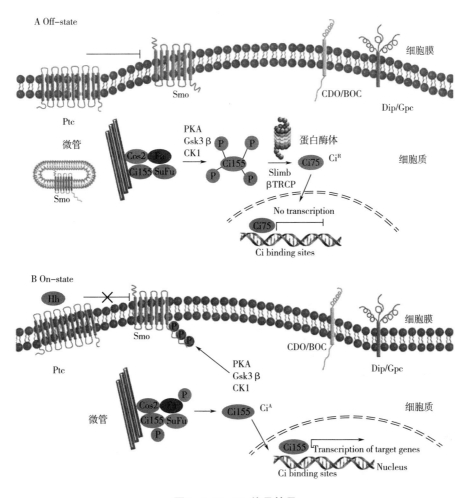

图 1-1-6　Hh 信号转导

在没有 Hh 配体时，信号处于关闭状态，Ci 被水解为 Ci^R 可进入抑制靶基因转录。Hh 配体存在时，Ci 不会被降解，Ci^F 进入细胞核促进靶基因的转录。

Hh 信号引起下游靶基因转录。

Ci 仅表达在 anterior 区域，因此 Ci 调节作用的基因也是在 anterior 区域表达的基因。在 posterior 区域的 *ci* 基因的转录受到 *en* 的抑制，因此在该区域不会表达 Ci。在翅原基中利用 2A1 抗体对 Ci 进行染色，Ci 的表达量在 A/P 边界靠近 anterior 区开始显著升高，大概能达到 12 细胞列，然后又突然降低，这是由 posterior 区 Hh 配体在 anterior 区的扩散浓度决定的，其中前 3 列细胞的 Hh 配体浓度最高，Ptc 受体就表达在这一区域的 2~6 个细胞列中。随着 Hh 配体的浓度升高进而诱导靶基因 *decapentaplegic*（*dpp*）和 *iroquois*（*iro*）的表达。由于 *en* 在 posterior 隔间的抑制作用，*dpp* 和 *iro* 并不能在 Hh 信号强度最高的细胞中表达，Dpp 配体表达的宽度大约 8 个细胞列，这比 Ptc 受体的表达范围大，因此说明 Dpp 的激活所需的 Hh 蛋白浓度较低。简言之，Hh 配体在 posterior 区表达在 A/P 边界细胞激活，其扩散浓度在 anterior 区可达 12 个细胞列，在此范围内，Ptc 受体从 A/P 界限开始的 2~6 个细胞列，然后是 Hh 信号靶基因编码的 Dpp 表达在 8 个细胞列。Hh 蛋白是隔间建立的第一个器官成形素，其对翅原基的生长发育起到至关重要的作用，另外，Hh 信号诱导了 Dpp 第二器官成形素的分泌。

1.2.4.2　BMP 信号——Dpp 成形素

dpp 是 Hh 信号途径的靶基因之一，Dpp 的表达位置为靠近 A/P 界限的 anterior 区域的 8 个细胞列，且需要的 Hh 配体浓度相对较低。Dpp 配体经细胞分泌后向 A/P 边界两侧扩散形成浓度梯度，并诱导相应的靶基因的转录，促进翅原基的生长发育。Dpp 在果蝇翅发育的作用大都与其诱导转录的靶基因的功能相关。Dpp 信号的核心元件的数量与结构相对简单。果蝇的 *dpp* 基因编码的蛋白质是 TGF-β 家族成员之一。Dpp 信号对于果蝇翅发育是十分关键的。Dpp 低表达的突变体的翅膀面积变小甚至会导致翅膀的无法形成。翅原基的几个细胞过表达 Dpp 会引起周围细胞的增殖甚至是复制出一个新的器官。

Dpp 信号的开始是从 Dpp 的二聚化开始的。Dpp 形成二聚体之后装配到相应的模式识别受体复合物上，进而将信号转导到细胞内，并引起靶基因的转录。BMP 信号的受体包括Ⅰ型和Ⅱ型两个亚基。Dpp 配体通常与Ⅰ型受体（Thickveins）Tkv 结合，该受体可被Ⅱ型受体 Punt 磷酸化并激活。活化的 Tkv 又将细胞内的 *Drosophila* Smad Mothers against Dpp（Mad；p-Mad）磷酸化。然后其与 Medea（Med）组成 p-Mad/Medea 复合物后进入细胞核与富含 GC 碱基的基因的调控区域结合从而引起靶基因的转录。

Dpp 配体的细胞核应答的研究内容主要涉及以下两方面，发生在早期胚胎发育时期的 D/V 轴的建立和幼虫期翅原基发育。在这两种情况下，Dpp 均建立一个浓度梯度调节靶基因的表达。由 Dpp 信号激活的靶基因包括 *binker*（*brk*），以及 Smad 信号转导依赖的靶基因 *sal*、*omb* 和 *Dad*。*brk*

是转录的抑制因子，它的 N 段包含一个 homebox-like 的 DNA 结合结构域，C 端包含相互作用序列以便募集多个共抑制因子，这些因子包括 CtBP（C-terminal Binding Protein）和 Groucho。Brk 拮抗了大多数来自 Dpp 信号的应答，如在早期胚胎发生过程中，大多数基因被处于背侧外胚层的背高-腹低的分布 p-Mad/Med 浓度梯度激活，同时又为处于腹侧的 Brk 抑制。遗传研究表明 Brk 浓度梯度分布与 Smad 的相反。虽然一些高 Dpp 阈值基因（如 race）不需要 Brk 建立其表达边界，但其他基因的表达需要整合来自 Brk 和 p-Mad/Med 的浓度梯度的建立。这些基因被背侧 p-Mad/Med 复合物激活，同时被腹侧 Brk 抑制，这便确立了它们在腹侧表达的限制。此外与其他成形素梯度相似，靶基因对 Dpp/Brk 梯度的应答并不是单一的，因为 Dpp 靶基因的表达还要综合其他因素，其中包括靶基因的相互影响的交叉调控作用。在幼虫翅原基发育过程中，Brk 抑制因子对 Dpp 配体信号的转导的响应更加显著。首先，目前已知报道的由 Dpp 浓度梯度转导的所有靶基因均受到 Brk 的调节，其次，Dpp 信号直接抑制该组织中 brk 的转录。因此，发育中的翅原基中的内侧到外侧 Dpp 配体的浓度梯度导致了 brk 基因转录的逆梯度，即产生 Brk 蛋白分布（图 1-1-7A、B）。翅原基中的 Dpp 靶基因，例如，optomoter blind（omb）和 spalt（sal），均接收到了来自 Dpp 应答的双重信号：Smad 复合物的激活信号，和 Brk 抑制的翅原基侧边区域中的抑制信号。由于 Dpp 的靶基因的表达对 Brk 蛋白的极度敏感从而导致表达位置位于翅原基的中部。Dpp 信号引起的 brk 转录抑制因子是直接依赖其基因调控区域的短序列编码的蛋白质分别称为 Silencer Elements（SEs）和 Schnurri（Shn），Shn 是大分子的锌指蛋白，能抑制 brk 基因的转录。SE 富含 GC 的碱基序列，并且包含通过接头序列分开的 Smad 结合序列。Dpp 激活的 Smad 复合物作为三聚体对接到 SEs 相应结构；Smad 三聚体指两个 p-Mad 分子和一个 Med 分子的复合物。一旦三聚体装配到 SE 上，它就可以招募 Shn。Shn 对该元件施加了两个非常特异的核苷酸序列约束。如果没有满足这两个要求，Smad 复合物仍然可以与 SE 结合，但是 Shn 的募集后不能发挥转录抑制作用。这表明在 SE 中发现的 Smad 结合位点的特定排列适合 Shn 的结合并发挥转录抑制作用，且存在其他的序列可以供给不同的 Smad 复合从而募集相应的效应因子。

Daughters-against-dpp（Dad）转录调控机制的研究表明其编码果蝇中

唯一抑制性 Smad（iSmad）。Dpp 的转录受到 Dpp 信号的正调控，并且 *Dad* 还作为 Dpp 信号被激活的标志基因。与大多数 Dpp 靶基因相同，Dad 的表达同时受到 Smads 信号的激活和 Brk 在翅原基侧边的抑制。与 SE 类似，靶基因 Dad 序列中包含两个关键的序列但由于其作用不同而被称作 Activating Elements（AEs）。Dad 仍然包含可以结合 Smad 三聚体的核苷酸序列，但核苷酸序列的改变并不能募集 Shn。然而，AE 的 Mad 结合位点同时也是 Brk 结合序列，并且已经研究表明 Brk 和 Smads 竞争结合 AE。根据 SE 模型分析，AE 可能利用增加序列约束的方式体现结合位点的特异性（图 1-1-7E）。抑或 Smad 蛋白的固有反式激活剂特性可能足以进行转录激活而不需要其他蛋白质的参与。与后来的假设一致，利用实验手段增加 AE 的接头长度结果仍然能够结合 Smad 复合物并使 AE 变体在体外细胞激活转录。虽然这些结果的体内验证仍有待检测，但 AE 在其序列要求方面没有 SE 严格。例如，已经在 Dpp 依赖性增强子中得到的与 Smad 蛋白结合的序列，这些 AE 变种仍能装配 Smad 三聚体。在这种情况下，SE 以及可能还有其他未研究的序列可能组合成 AEs 的特殊变体，这些变体已经通过进化的方式进一步募集相应的 Smad 共因子。

靶基因 *sal* 和 *omb* 首先被鉴定出可以通过 Dpp 信号诱导表达，且它们的表达模式与 Dpp 信号一样位于翅面中心区域并沿 A/P 界限分布（图 1-1-7 C、D）。其中 Omb 的表达所需 Dpp 信号的浓度比 Sal 低。它们通过 p-Mad/Med 复合体直接激活，同时也可被 Brk 抑制。Sal 和 Omb 在翅原基侧边的表达边界会影响到前体 L2 和 L5 的定位。同时 Sal 和 Omb 的定位模式需要 Dpp 信号的调控，而且翅面中心细胞的 Sal 和 Omb 的表达量也是保守的。无论是表达量升高还是降低表达量的 Sal 和 Omb 的细胞均会被排挤到表皮之外凋亡掉，这与 Dpp 受体突变体表型相似。

Sal 和 Omb 对果蝇翅原基的细胞增殖存在着调控作用。*sal* 基因包括两个功能位点 *spalt major*（*salm*）和 *spalt-related*（*salr*）。Salm 的表达可以救援由于 Brk 过表达引起翅膀面积变小，那么 *salm* 可能是 Brk 调控生长发育的靶基因之一。同时敲低 *salm/salr* 可以救援 Tkv^{QD} 引起的异常的翅膀表型。但是仅过表达 Salm 会导致细胞增殖缺陷，并被排出在表皮组织之外。根据以上研究结果我们认为 *salm* 和 *salr* 在细胞增殖方面的作用并不一致。另外，Omb 也可以通过对 *bantam* 的调控以促进翅原基侧边的细胞分化与抑制中间细胞的增殖。

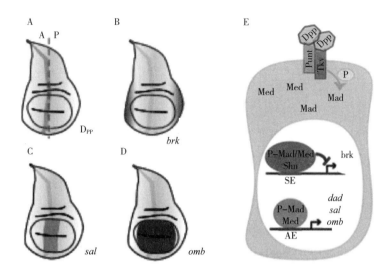

图 1-1-7　BMP 信号靶基因转录

A—Dpp 的分泌细胞定位与 A/P 边界。B~D—BMP 信号靶基因 *brk*、*sal*、*omb* 在翅原基的表达定位 E—Dpp 信号的转导过程。

1.2.4.3　Wnt 信号——Wg 成形素

Wg 是经典隔间建立的最后一个成形素，其以 D/V 轴为中心向两侧翅面形成浓度梯度从而调控翅原基的生长发育。果蝇的 *wingless*（*wg*）基因是 Wnt 基因家族的成员，其编码蛋白质和与脊椎动物原癌基因 *Wnt-1* 产物具有同源性。对该基因在果蝇、小鼠和蟾的异常表达的研究表明 *wg* 编码蛋白质参与细胞相互作用。Wg 在果蝇幼虫表皮发育中发挥着重要作用，例如维持 *en* 基因的持续表达。此外，在神经系统的发育中，如马氏管和成虫盘表皮的模式建立过程中也需要 *wg*。使用 *wg* 的温度敏感等位基因的实验表明，*wg* 无论在空间还是时间上的表达量变化均会影响组织发育与形态建立。因此，在成虫盘的发育过程中，最初需要 *wg* 从幼虫表皮建立原基，然后在幼虫期间建立形态模式。

在果蝇胚胎发生过程中可能与 *wg* 相关的突变体的研究中已经发现了一组基因，其激活是 Wg 信号传导所必需的。其中两个突变 *armadillo*（*arm*）和 *dishevelled*（*dsh*），在胚胎中以细胞自主方式产生 *wg* 突变表型，表明野生型果蝇中 *wg* 功能是十分关键的。另一个基因的突变 *shaggy/zeste white* 3（*sgg*），导致幼虫表皮发育缺陷的表型类似于由 *wg* 过表达产生的表型。分子研究表明，*arm* 编码了 *plakoglobin* 基因家族的成员，并且 *sgg* 是一种与脊椎动物 GSK3 具有同源性的非受体丝氨酸苏氨酸激酶。根据对胚胎发育过程中 *wg*、*sg* 和 *arm* 之间相互关系的研究表明，Wg 信号在维持 *en* 表达调查同时抑制 *sgg* 基因的转录激活，同时需要 *arm* 的参与。虽然目前还没有详细的关于 *dsh* 的研究信息，但遗传研究表明它也参与了 Wg 信号。尽管这些基因存在这上述特异性作用，但是 *sgg*、*arm* 或 *dsh* 的突变仍然表现为多效性的，即低表达任何一个基因都会导致胚胎和成虫的各种明显不相关的表型。

在指导翅原基的形态建成中，Wg 信号展现了较为复杂的分子机制（图 1-1-8）。当 Wg 没有被激活时，果蝇的翅原基细胞内 Zw3、Axin 和 APC 组成复合体进而促进 Arm 的降解，从而维持 Wg 信号不被激活的状态。Wg 信号被激活时，Wg 配体与 Fz2 受体和 Arrow 组成受体复合物，进而激活 Dishevelled。被激活的 Dishevelled 会降低 Zw3 的活性，进而抑制其与 Axin/APC 组成的蛋白复合体的活性，导致 Arm 释放到细胞质中，然后

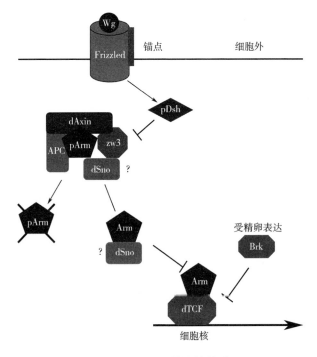

图 1-1-8　Wg 信号的激活

Arm 即可进入细胞核再通过 dTCF 形成的复合物引起 Wg 信号的靶基因的转录。Wg 信号是一种长途的信号蛋白，高浓度的 Wg 诱导转录因子 *senseless*（*sens*）的表达，Sens 是翅膀边缘刚毛发育的关键因子，中等浓度的 Wg 可以诱导 Distalless（Dll）的表达，较低浓度的 Wg 可诱导 Vg 的表达，因此 Vg 在整个翅面区均有表达进而促进翅面的生长发育。与 Dpp 相似，Wg 蛋白在 D/V 边界的表达确立了以 D/V 为轴线的发育方向。因此 Wg 是 D/V 边界的组织者，指导翅原基的生长发育。

1.2.5 果蝇翅脉的形成

果蝇的翅脉是果蝇翅膀中的重要组成部分，其对果蝇的两片翼层起到支撑作用，是翅膀的骨架结构。翅脉的形成起始于幼虫时期，前体翅脉的定位最终决定成虫翅脉的延伸和形态，这时我们称为前体翅脉，前期翅脉分布于幼虫翅面区域。由于 EGFR 信号对前体翅脉的发育的具有重要的调控作用，通过 Egfr 的靶基因的免疫染色可以观察到翅原基的前体翅脉 L2-L5 纵脉的定位，另外 *Drosophila* Serm Response Factor（DSRF）可以标记前体脉间区细胞。幼虫期降低 Egfr 信号或者 ras/raf 信号将不会在成虫形成翅脉，并且翅原基中的前体翅脉的标志基因也不再表达。三龄幼虫晚期的时候通过 p-Mad 的染色，我们也可以标示出前体翅脉 L3 和 L4 位置进而，说明 BMP 信号对这两条翅脉的形成起到了调控作用。其中 L4 前体翅脉由位于 A/P 边界的 posterior 区的细胞形成，这些细胞不能接收 Hh 信号，而 L3 在 anterior 区域形成并且可以接收到较低浓度的 Hh 信号。因此，由于 Hh 信号的浓度扩散而形成 L3 和 L4 中间的距离。研究表明降低 BMP 信号会导致 L2 和 L5 之间的距离变短，但不影响 L3 和 L4 之间的距离。BMP 信号中的 Salm/Salr 参与调控 L2 的定位，Salm/Salr 也有可能参与 L5 的定位，其可以限制前翅脉 L5 在 anterior 的发育。同时 L5 的定位需要 Omb 的参与，Omb 在翅原基表达模式叠加 L5 前体翅脉的定位，它们同样需要较低浓度的 Dpp 因此距离 A/P 边界较远。

此外，成虫翅膀中的两个横脉 ACV 和 PCV 的形成起始于蛹期 18~22h APF，同时它们的形成与 LVs 相似，其中参与调节的信号包括 Egfr、Notch 和 BMP。由于横脉的起源来自纵脉且受到 BMP 信号的影响，当低表达 BMP 信号后会引起 ACV/PCV 的缺失，且 BMP 还需要抑制 DSRF 以促进横脉的形成。由于 BMP 信号触发了 *rhomboid* 和 *Star* 进而使 Egfr 信号沿横脉激活，并用以维持横脉从蛹期到成虫的完整性。Notch 信号则可以抑制 BMP 和 Egfr 信号控制翅脉的宽度。另外，Hh 信号表达量降低会引起 ACV 的缺失。还有一个特殊的果蝇翅脉，即边缘翅脉。果蝇的 Wnt 的 Wg 在翅膀边缘分布并且指导远端的果蝇翅膀组织发育，Wg 表达 D/V 边界因此还受到 Notch 信号调控。

1.3　果蝇平面细胞极性

在果蝇的体表会分布着一些类似平行队列式的组织结构，如刚毛、感觉器鬃等。果蝇的翅膀，在其两侧翼层表面均存在着由近端生长的毛发并向远端延伸，这种一致的有方向指向性的毛发生长行为就受到细胞平面极性的调控。长期的研究表明存在一组基因对细胞平面极性进行调节。研究表明 *frizzled* 信号限制了刚毛的定向发育。果蝇翅膀的刚毛会形成一种能够区分近端和远端的蛋白质从而促进刚毛的定向延伸。组织极性的突变体会在细胞的其他部位产生刚毛。野生型细胞的刚毛只占据着很小的一部分，其他部分由远端蛋白复合物占据，同时研究表明激活细胞骨架会导致形成毛发的区域变小。例如，通过细胞松弛素 D 抑制肌动蛋白会引起多刚毛、短刚毛、远端指向刚毛。越来越多的基因被鉴定参与到果蝇翅膀平面细胞极性的发育，其中包括 PCP（planar cell polarity）核心基因、PPE（Planar Polarity Effector）和多刚毛基因（*mwh*），PCP 基因位于 PPE 和 *mwh* 基因的上游。除了以上基因对果蝇翅膀的平面细胞极性存在调节作用外，Rho1 GTP 酶也参与其中。研究表明降低 Rho1 可以导致翅膀出现多刚毛现象，同时会降低细胞之间的黏附性 DE-cadherin 的表达量下降甚至改变细胞的形状。因此，果蝇翅膀的平面细胞极性不仅对果蝇刚毛的形成发挥着重要作用，同时在维持翅发育完整性方面做出了重要贡献。

1.4 果蝇翅膀的组织修复

凋亡——细胞程序性死亡是发育进程中重要的生物过程。在果蝇或者其他物种中，通常有两种情况会发生凋亡现象：①凋亡用于去除形态发育中多余的部分，如幼虫期的脑部的形成，以及成虫后腿关节的形成；②凋亡用于去掉那些损伤的细胞或者被破坏的细胞。果蝇的翅原基是研究凋亡细胞较为稳定的实验材料，因为通常情况下翅原基几乎不存在凋亡现象，但通过放射线照射翅原基会引起凋亡的应答。实验发现尽管射线造成了大量翅原基细胞的凋亡，但同时也激活了细胞的增殖使翅原基组织再生以补偿丢失的细胞。研究发现 P35 可以抑制处于凋亡状态，并且可以经过表达 *p35* 维持凋亡细胞的"不死之身"，同时也会保持凋亡的细胞的凋亡特点，这就是经典的"undead"模型，为深入研究凋亡信号的机制提供了便利条件。

c-Jun NH_2-terminal kinase（JNK）信号是通过凋亡活动导致细胞死亡的核心途径。研究表明在果蝇中，凋亡引起的代偿性增殖，是由 JNK 信号激活导致的，同时 JNK 信号会引起 Wingless（Wg）、Decapentaplegic（Dpp）和 Spitz（Spi）的上调以促进细胞的有丝分裂从而进行组织修复。研究表明过度激活 JNK 信号会导致果蝇的复眼面积变小且表面粗糙，以及异常的翅膀表型。通过在翅原基中过表达 *eiger*（*egr*）或 *hemipterous*（*hep*）激活 JNK 途径，会引起细胞死亡、成虫 ACV 缺失以及翅膀的面积变小等现象。此外 JNK 信号的抑制因子 *puckered*（*puc*）表达量降低后同样会引起翅原基的细胞死亡，以及成虫翅脉 ACV 的缺失。因此在果蝇的翅原基的损伤修复中 JNK 信号起到了关键作用。

1.5 *anchor* 基因的研究进展

G 蛋白偶联受体（G-protein-coupled receptors，GPCRs）是一组具有 7 次跨膜结构域的模式识别受体，研究表明其参与众多细胞的信号转导。

GPR155 是一种孤儿 G 蛋白偶联受体，其跨膜次数高达 17 次。小鼠的 GPR155 的研究发现，其拥有 5 个 mRNA 的变种，同时在其 C 端包含一个保守的 DEP 结构域。这段保守的序列在果蝇的 Dishevelled、线虫 Egl-10，以及哺乳动物 Pleckstrin 中首次发现后被命名为 DEP 结构域。GPR55 的 mRNA 在很多组织中均有表达包括在胚胎发育时期，其中小鼠的脑部原位杂交实验表现为组织特异性的分布，其在前脑的定位较中脑和后脑更加显著。GPR155 在大鼠的研究表明其与和孤独症中起到关键作用。同时研究发现亨廷顿病人脑部尾状核的 GPR155 表达量下降。最近发现 GPR155 是胃癌的血行转移的特殊生物标记物，血行转移（hematogenous metastasis）是指癌细胞通过血液转移的一种癌细胞扩散方式。抑制 GPR155 会导致 p-ERK1/2 和 p-STAT1 的上调，细胞增殖加强，并且胃癌细胞的入侵性也增强。anchor 基因编码的蛋白质包含 949 个氨基酸，同样的 17 次跨膜结构域和 C 端的 DEP 结构域，是 GPR155 的同源物，它们存在 37% 以上的同源性。但关于果蝇中的 anchor 基因的功能尚未研究，有待进一步深入探索。

1.6 *jumu* 基因的研究进展

jumeau（*jumu*）基因编码是由 720 个氨基酸组成的核蛋白，是转录因子基因 helix/forkhead（WH/FKH）家族成员之一。叉头框（forkhead box，Fox）是功能多样的转录因子蛋白家族且参与多种细胞生物学过程。Fox 蛋白可通过与 DNA 结合、转录激活及转录抑制等调节基因转录发挥其功能。Fox 蛋白还参与到转录调控及一些细胞通路来调控胚胎发育、细胞周期、代谢等多种生物学过程。近期研究发现一些叉头框蛋白家族的转录因子在免疫系统中具有重要作用，其中 Foxp3、Foxn1、Foxj1、Foxo3a 分别能够调节小鼠 T 细胞的发育及功能，小鼠胸腺上皮细胞的分化，以抑制 T 细胞的活性从而防止自身免疫，调节淋巴细胞的增殖与凋亡等。目前在果蝇中已经发现 17 种能够编码叉头框结构域的基因，其中 13 种都能在脊椎动物中找到与之同源的基因，并在一些生物学过程中发挥相似的功能。

jumu 是昆虫物种的保守基因并展现了多种生物学功能。另外，在其 C 端包含一个 winged-helix nude（whn）蛋白结构域。研究表明鼠的胸腺和毛

发的发育均需要 whn 转录的特异性调节。研究发现果蝇的 Jumu 在决定细胞命运中发挥关键作用，其中包括神经元、复眼、翅膀和刚毛的分化和发育等。在神经元分化过程中，Jumu 蛋白在胚胎时期的中枢神经系统也包括神经节干细胞中表达，对于不对称定位和分离 Pon/Numb 复合体是十分必要的。*jumu* 双拷贝低表达突变体表现为背部刚毛排列混乱、花斑的复眼以及 posterior 区域翅膀边缘的缺失，并且其后代表现为生命力和繁殖能力降低。此外，Jumu 和它的同源物（CHES-1-like protein）还通过 Polo 激酶信号途径参与到心脏前体细胞的对称和不对称的分化。而且，*jumu* 低表达会导致编码 Wnt 的受体 *frizzled*（*fz*）基因在受精卵的中胚层的下调。我们之前的研究发现，Jumu 在果蝇造血系统中发挥着调节游离血细胞的增殖与分化的重要作用。过表达 *jumu* 能够通过激活 Toll 途径使游离的血细胞沉积在脂肪体上进而形成黑色素瘤。同时，Jumu 通过与 *dMyc* 启动子上的 FKH 位点的结合调控果蝇淋巴腺造血干细胞的增殖与分化。但该基因对果蝇翅发育功能的调控机制尚不清楚。

1.7 本研究的目的与意义

目前林业资源对我国国民经济的发展有重要影响，因此维持森林经济的效益稳定是十分关键的。但由于日益加重的森林灾害成为国民经济、生态平衡以及社会安定的潜在危害。森林病虫害防治作为国家减灾工程的重要组成部分，对保护森林资源、改善生态环境、促进国民经济发展和维持社会可持续发展都具有十分重要的意义。随着科学技术手段的不断发展，我们也在不断探索森林害虫防治的新方法、新途径。通过对模式生物果蝇的生长发育的研究为森林害虫防治提供了更多的理论基础，为通过生物手段防治害虫提供了可能性。

森林害虫多为飞行昆虫，翅膀对于森林害虫交配和扩大繁殖范围提供了便利条件，也是其防治的难点之一。本研究主要利用 *anchor* 和 *jumu* 基因的突变体果蝇为实验材料，并通过免疫染色、原位杂交、上位效应实验等实验技术手段和遗传学方法对 *anchor* 和 *jumu* 基因在果蝇翅发育中的功能进行深入研究。关注果蝇飞行器官的发育进程、形态建立和损伤修复等问题。研究结果表明，*anchor* 和 *jumu* 基因在翅发育中发挥着重要作用，其中包括翅原基细胞的增殖与分化、翅膀面积的调控、翅脉的形成、器官修复与完整性的维持以及翅膀毛发的极性发育等多种功能的调节。本研究为进一步阐述昆虫飞行器官的发育机制提供了重要的理论基础，为开发生物手段防治森林害虫提供了参考依据。

2 *Anchor* 在果蝇翅发育中的功能研究

2.1 材料与方法

2.1.1 实验材料

2.1.1.1 果蝇品系

本研究用于对照的野生型果蝇 W^{1118}（*wild type*，WT）与 WR13S 果蝇为实验室保存；*anchor* RNAi（v8532，v105969）与 *EGRF* RNAi 购自 Vienna Drosophila RNAi Center（VDRC）；*anchor*^{G9098} 购自 GenExel（Daejeon，South Korea）；*Med* RNAi，*Mad* RNAi，*dpp* RNAi，*gbb* RNAi，*sax* RNAi 和 *put* RNAi 购自清华果蝇保种中心；*dpp-Gal4*，*nub-Gal4*；*tubulin-Gal80*^{ts}，*en-Gal4*，*omb-lacZ*，*Dad-lacZ*，*brk-lacZ*，*dpp-lacZ*，*Mad*^{12}，*tkv*^{427}，*tkv*^{7} 和 *sax*^{4} 为刘自广惠赠；*sal-lacZ* 为沈杰惠赠；本研究中采用的其他实验室保存的果蝇有 *UAS-dpp*^{19B5}，*UAS-gbb*^{99A2}，*UAS-tkv*^{1A3}，N^{Mcd8}，*A9-Gal4*，*MS1096-Gal4*，*Hs-Gal4*。

2.1.1.2 仪器设备

Roche Light Cycler 480
常温台式离心机及低温高速离心机（Eppendorf）
Pacific RO7 纯水仪（Thermo）
紫外分光光度计（岛津公司）
Olympus 体式显微镜（奥林帕斯）
共聚焦显微镜（Zeiss LSM510）
荧光显微镜（Zeiss Axioskop 2 plus）
GloMax20/20 化学发光检测仪（Promega）
涡旋振荡器（Vortex-Genie 2）
凝胶成像分析系统（BIO-RAD）

分子杂交箱（Shake N Bake）

2.1.2 实验方法

2.1.2.1 果蝇的饲养条件

实验室采用恒温培养箱饲养所需果蝇，恒温培养箱分别设定3个温度：18℃、25℃和29℃。18℃恒温培养箱用于果蝇的保种（低温可以减缓果蝇的生长周期）；25℃恒温培养箱用于一般果蝇的扩繁或其他常规实验；29℃恒温培养箱用于增强Gal4-UAS二元系统中果蝇体内RNAi的干扰效果。培养箱需维持60%的相对湿度，并模拟昼夜各12h的生存环境周期。

2.1.2.2 *anchor*低表达突变体稳定杂交果蝇的获得

由于本实验采用的是RNAi干扰的果蝇，因此需要利用Gal4果蝇与*anchor* RNAi果蝇杂交诱导*anchor*基因的低表达，从而获得*anchor*低表达的突变体品系。通过稳定杂交的方法可以得到表型稳定的、自交可以连续传代的低表达突变体品系。本研究利用*A9-Gal4*与*MS1096-Gal4*两种果蝇与*UAS-anchor* RNAi果蝇，通过*WR13S*进行多步杂交筛选相应的果蝇基因型，从而获得*A9-Gal4/A9-Gal4*，*anchor RNAi/anchor RNAi*和*MS1096-Gal4/MS1096-Gal4*，*anchor RNAi/anchor RNAi*纯合体果蝇品系。

2.1.2.3 免疫荧光染色

（1）翅原基免疫荧光染色。

①挑选生长到三龄的果蝇幼虫在冷的PBS中清洗；

②在预冷的PBS中用尖细的镊子解剖出果蝇幼虫中的翅原基；

③用4%的多聚甲醛固定30min，PBST（PBS+0.1%Tween20）洗3次，每次5min；

④用TNBT（Tris-Cl+PBS+0.1%TritonX-100）孵育10min；

⑤用含5%羊血清的TNBT溶液封闭1h；

⑥样品中加入一抗，置于4℃冰箱过夜；

⑦用PBST洗3次，每次5min；

⑧加入带有荧光标记的二抗，室温静置2h，PBST洗3次，每次5min；

⑨DAPI染色10min，PBST洗3次，每次5min；

⑩处理好的翅原基转移到载玻片，加入抗淬灭封片剂slowfade封片，置于荧光显微镜下，观察并拍照。

（2）蛹期翅膀免疫荧光染色。

①挑选生长到三龄幼虫放置于新的培养管中，并开始计时，24h后取出已经结蛹的果蝇用于实验；

②将蛹的表面的硬壳用镊子去掉，在预冷的PBS中提取蛹期翅膀；

③同翅原基染色方法的步骤3~9；

④3.7%的甲醛溶液固定2h，PBST（PBS+0.3%TritonX-100）洗3次，每次5min；

⑤用含2%的BSA与2%羊血清的PBST溶液封闭1h；

⑥样品中加入一抗，置于4℃冰箱过夜；

⑦用PBST洗3次，每次5min；

⑧加入带有荧光标记的二抗，室温静置2h，PBST洗3次，每次5min；

⑨DAPI染色10min，PBST洗3次，每次5min；

⑩处理好的蛹期翅膀置于载玻片，分别用25%、50%、75%、90%的甘油处理，用抗荧光淬灭剂prolong封片，置于荧光显微镜下光差并拍照。

（3）所需抗体。

①mouse anti-β-galactosidase（Sigma，1∶50）；

②mouse anti-P-Mad（受赠于Ed Laufer，1∶50）；

③rabbit phospho-H3（1∶800，Upstate）；

④mouse-anti-DSRF（1∶100，Active Motif）；

⑤结合的荧光二抗为Alexa Fluor 488与Alexa Fluor 594（Invitrogen，Molecular Probes，1∶200）。

2.1.2.4 果蝇的cDNA的合成

（1）提取野生型果蝇W^{1118}与UAS-anchor成虫RNA。

①6~8只果蝇成虫放入1.5mL RNase free离心管中用液氮速冻，用研棒将材料研碎；

②加入500μL Trizol溶液，在静音混合器上室温孵育5min；

③加入200μL氯仿，在室温环境用振荡器充分振荡混匀；

④4℃离心机中13000r/min离心15min；

⑤将上清液转移至新RNase free离心管，并加入250μL异丙醇，轻轻上下颠倒混匀，并置于-20℃冰箱中，静置10min；

⑥4℃离心机中13000r/min离心20min；

⑦去除上清液及管壁上液体，在沉淀中加入250μL 75%酒精溶液，4℃离心机中13000r/min离心10min；

⑧将上清液去除干净后室温凉干，用1%DEPC水溶解RNA沉淀；

⑨利用紫外分光光度计测定RNA的浓度。

（2）合成cDNA的反应体系与条件（表1-2-1）。

表1-2-1 合成cDNA的反应体系与条件

总反步骤	用量
RNA	2μg
多聚胸腺嘧啶［Oligo（dT）］（0.5μg/μL），加1%DEPC水至相应体积	1μL
70℃ 5min，冰上放置5min，再加入下列试剂：	14μL
M-MLV RT 5×Reaction Buffer	5μL
dNTP（10mmol/L）	1.25μL
点突变型M-MLV RT（H-）逆转录酶（200U/μL）	0.5μL
1%DEPC水	4.25μL
PCR仪中40℃ 90min；70℃ 15min	

反应结束后得到cDNA并将产物定容稀释至300μL，用稀释后的cDNA作为模板进行Real-time PCR扩增。

（3）Real-time PCR反应体系及条件。

检测 anchor 基因在果蝇成虫中的表达，以果蝇保守基因 Rp49 为内参。反应体系见表1-2-2。

表1-2-2 Real-time PCR反应体系

总反应体系（25μL）	用量/μL
模板cDNA（Template cDNA）	3
混合引物F+R（Primer Mix F+R）	2
dNTP（10mmol/L）	2.5
10×Taq缓冲液（10×Taq Buffer）	0.5
rTaq（5U/μL）	0.25
DDW	16.75

扩增条件如下：

95℃　　　　　　　　5min
94℃　　　　　　　　30 ⎫
50℃　　　　　　　　30 ⎬ 28个循环
72℃　　　　　　　　90 ⎭
72℃　　　　　　　　10min

引物序列见表1-2-3。

表1-2-3　实时荧光定量引物

靶基因 (target gene)	前置因子 (Forward Primer)（5' to 3'）	反置因子 (Reverse Primer)（5' to 3'）
锚定引物(anchor)	AAAGAATTCATGGACAGCTCCATGTACTACG	AAACTCGAGCTATATGCGACTGCAGAAAT
Rp49	AGTCGGATCGATATGCTAAGCTGT	TAACCGATGTTGGGCATCAGATACT

2.1.2.5　原位杂交

（1）重组载体的构建。

①采用 Premier 5.0 软件对 flybase 基因库中 anchor 基因 CDS 中部分片段（1-600bp）设计引物。加入的酶切位点为 BamH I /Hind III，PCR 引物为：

Forward primer：5'- AAA GGATCC ATGGACAGCTCCATGTACTA-3'
Reverse primer：5'- AAC AAGCTT TCATGGAGATCTCCAAGATA-3'

②利用反转录合成的野生型果蝇 W^{1118} 的 cDNA 为模板用上述 anchor CDS 引物进行 PCR 扩增。反应体系见表1-2-4。

表1-2-4　野生型果蝇 W^{1118} cDNA 扩增反应体系

总反应体系（50μL）	用量/μL
模板 cDNA	2
混合引物 F+R	2
dNTPs（10mmol/L）	1
10×Taq 缓冲液	5
rTaq（5U/μL）	0.25
DDW	39.75

扩增条件如下：

95℃	5min
94℃	1min
65℃	30
72℃	1min
72℃	10min

94℃ 1min、65℃ 30、72℃ 1min 为 29 个循环。

经琼脂糖凝胶电泳检测 PCR 产物，确定扩增片段为 600bp 的目的片段。

③经琼脂糖凝胶电泳胶回收的 anchor 片段采用 BamH I 和 Hind III 双酶切后分别与空载体 pSPT18、pSPT19 连接，然后转化到 E. coli 大肠杆菌 Top10 品系进行扩繁，通过氨苄青霉素（Amp）抗性筛选重组质粒 pSPT18-anchor 及 pSPT19-anchor，并挑选单克隆扩大培养，用实验方法粗提取重组质粒，进行 BamH I、Hind III 酶切鉴定并送公司进行测序。

（2）重组载体的线性化。

对测序正确的重组质粒 pSPT18-anchor 及 pSPT19-anchor 转化后扩大培养，并用质粒小提试剂盒提取质粒。对这两种质粒单酶切获得线性化质粒。pSPT18-anchor 用 BamH I 进行酶切，pSPT19-anchor 用 Hind III 酶切，37℃ 酶切 14~16h。琼脂糖凝胶回收线性化质粒，并用分光光度计测定浓度。

（3）DIG RNA 探针合成。

用地高辛试剂盒（DIG RNA labeling kit, SP6/T7, Roche）合成带地高辛标记的正义（sense）及反义（anti-sense）RNA 探针。反应体系见表 1-2-5。

表 1-2-5 合成带地高辛标记的正义及反义 RNA 探针的反应体系

总反应体系（10μL）	用量/μL
模板 DNA（0.2μg/μL）	3
100Mm DTT	1
10×转录缓冲液（10×transcription buffer）	1
10×地高辛 RNA 标记混合物（10×digoxigenin RNA labeling mixture）	1
RNA 聚合酶 [RNA polymerase（T7, 25Units）]	1
RNA 酶抑制剂（RNasin）	1
1%DEPC 水	2

置于 PCR 仪中，37℃ 反应 2h。再加入 20units 的 DNase，37℃ 继续孵育 15min。加入 80μL 1% DEPC 水、10μL 3M NaOAc、200μL 无水乙醇沉

淀 RNA 探针，4℃离心去掉上清并用杂交液溶解探针，-80℃保存。

（4）原位杂交方法。

①经 1%DEPC 处理的冷 PBS 中提取果蝇幼虫的翅原基，并将组织放在 3.7%甲醛中固定 30min；

②用 RNase free 0.1% PBST（Tween20）洗 3 次，每次 5min；

③按以下 RNase free 甲醇浓度与顺序进行脱、复水处理，翅原基在每种浓度的甲醇溶液中孵育 2min，甲醇溶液浓度分别为：25%、50%、75%、100%、75%、50%、25%；

④用 RNase free 0.1% PBST（Tween20）洗 3 次，每次 5min；

⑤加入 Proteinase K（1μg/mL），室温孵育 5min，用 RNase free 0.1% PBST（Tween20）洗 3 次，每次 5min；

⑥再次用 3.7%甲醛在固定样品 30min，并用 RNase free 0.1% PBST（Tween20）洗 3 次，每次 5min；

⑦加入含有鲑鱼精子 ssDNA 的杂交液，预杂交 1h，去除预杂交液；

⑧加入含有 RNA 探针的稀释杂交液，置于分子杂交箱中，55℃杂交 14~16h；

⑨去除杂交液后，加入 55℃预热的 washing buffer，55℃杂交箱中孵育 20min；

⑩加入 RNase free 0.1% PBST（Tween20），55℃杂交箱中孵育 20min，再加入 RNase free 0.1% PBST（Tween20），室温孵育 20min；

⑪样品中加入 5%羊血清，室温封闭 15min；

⑫加入碱性磷酸酶标记的 DIG 抗体［Roche，1∶200 稀释在 0.1% PBST（Tween20）］中，室温结合 2h；

⑬0.1% PBST（Tween20）洗 3 次，每次 5min，在用 AP 缓冲孵育 10min；

⑭加入试剂盒中的显色液，直到组织显色，去除显色液，终止显色，加入 0.1% PBST（Tween20）洗 3~5 次；

⑮加入 75%甘油封片，进行显微镜照相。

2.1.2.6 成虫翅膀的处理

本研究中的成虫翅膀均为雌性果蝇的翅膀，成虫果蝇通过 CO_2 麻醉后用尖细镊子摘下翅膀，置于载玻片，并用石蜡油封片。

2.1.2.7 图像与数据分析

所有翅原基与蛹期翅膀荧光免疫染色制片用 Zeiss Axioskop 2 plus 荧光显微镜或 Zeiss LSM510 共聚焦显微镜进行图像采集。对于果蝇成虫翅膀的面积分析，采集自然光下成虫果蝇翅膀图片并用 ImageJ 软件的自由选择工具进行手动圈出轮廓并自动测量面积。翅原基 Wg 的表达量的定量：用 ImageJ 将彩色图像转化成 8 位图像，然后重新校准调整阈值，Wg 荧光区域的荧光总强度用 ImageJ 自动测量。p-Mad 的表达量的检测，在翅原基图像上选定矩形区域进行荧光的强度变化的检测，采用 ImageJ 的 Plot Profile 的功能进行自动测量。翅原基 *omb*、*sal*、*Dad*、*brk* 的表达量检测采用 ImageJ 软件线段画出荧光区域沿 *D/V* 轴的最长范围，然后进行自动测量。****、***、** 和 * 表示 $P<0.0001$、$P<0.001$、$P<0.01$ 和 $P<0.05$。"ns"表示没有效果。

2.2 结果与分析

2.2.1 *anchor* 基因的位点与同源性分析

anchor 基因位于果蝇的第三染色体的 74E2-74E3 位点，该基因共编码 949 个氨基酸残基（图 1-2-1A）。根据 Anchor 的氨基酸序列分析其蛋白质的二级结构展现出膜蛋白的性质，这与 G 蛋白偶联受体蛋白存在相似性。Anchor 蛋白的氨基酸序列包含 17 次的跨膜结构域与 C 端的 DEP 结构域（图 1-2-1B）。果蝇的 Anchor 氨基酸序列经过比对与人类、黑猩猩、小鼠和大鼠的 GPR155 存在 37% 以上的同源性（图 1-2-1C）。另外 C 端的保守的 DEP 结构域曾首次在 3 种蛋白质中发现：Dishevelled（果蝇的 Wnt 信号的调节因子）、EGL-10（线虫中 GPCR 的负调控因子）、Pleckstrin（哺乳动物参与调节血小板与中性粒细胞的信号调节）。

2.2.2 低表达 *anchor* 基因对翅脉的发育的影响

为研究 Anchor 在果蝇发育中的作用，我们首先利用 *anchor* RNAi 与全身性诱导的 GAl4 果蝇杂交（如 *Actin-Gal*4 或者 *Tubulin-Gal*4），但杂交后代表现为受精卵致死的表型。为此，我们采用了 *Hs-Gal*4 与 *anchor* RNAi 果

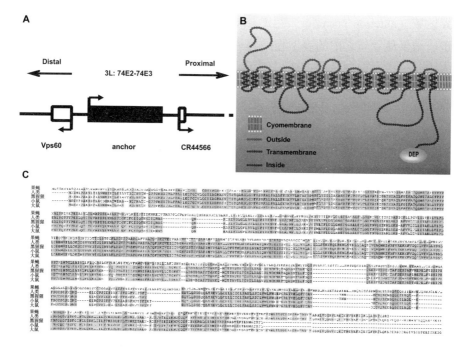

图 1-2-1　果蝇 Anchor 蛋白的分子特点

A—anchor 基因位于第三染色体的74E2-74E3。B—Anchor 蛋白的二级结构示意图。通过 TMHMM 软件预测 Anchor 蛋白包括 17 个跨膜结构域与一个 DEP 结构域。图中红色部分即为跨膜结构域的氨基酸。C—蛋白序列的同源性分析采用的是 Clustal X 软件，包括以下物种：果蝇（Drosophila melanogaster，NP_648998.2），人类（Homo sapiens，NP_001253979.1），黑猩猩（Pan troglodytes，XP_003309468.1），小鼠（Mus musculus，NP_001177226.1），大鼠（Rattus norvegicus，NP_001101281.1）。果蝇的 Anchor 与以上物种的相似性分别为 37%、37%、38%和38%。其中浅蓝色的背景的氨基酸是完全相同序列，黄色背景的氨基酸是保守序列。

蝇进行杂交，通过热激处理达到降低 anchor 表达量的效果。Hs>anchor RNAi 放置在25℃培养箱中培养，从三龄幼虫开始，在37℃培养箱孵育 30min，每天3次，直到果蝇羽化。我们意外地发现其成虫翅膀展现出多余翅脉和翅脉变宽的现象（图1-2-2A，B）。该结果表明新基因 anchor 对果蝇的翅发育发挥重要的作用。为了进一步证明这种异常的成虫翅脉现象是由于 Anchor 蛋白表达量降低导致的，我们采用翅膀特异性的启动子 A9-Gal4 与 MS1096-Gal4 使 anchor 基因在果蝇翅膀中低表达。结果显示，其后代成虫翅膀较对照展现出变宽且多余的果蝇翅脉（图1-2-2E~F、I~J）。此外，我们也选用了果蝇翅膀隔间特异性的启动子 dpp-Gal4 和 en-Gal4 分别在果蝇翅膀的 A/P

边界区域（anterior/posterior）与 P 区域（posterior）特异地降低 anchor 的表达量，结果显示与之前的表型相同，其后代果蝇翅膀在对应区域内展现出翅脉变宽并形成多余翅脉的现象（图 1-2-2C~D、G~H）。因此说明 anchor 低表达影响果蝇翅脉的发育。

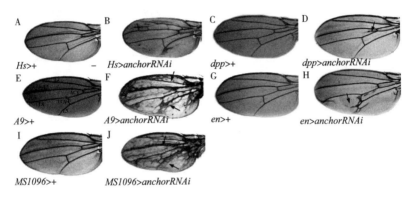

图 1-2-2 anchor 基因低表达引起成虫翅脉的发育异常

A、C、E、G、I—对照果蝇为 Gal4 果蝇与 W^{1118} 杂交的雌性后代的成虫翅膀（Gal4>+），其中 Gal4 果蝇包括：Hs-Gal4、A9-Gal4、MS1096-Gal4、dpp-Gal4 和 en-Gal4。成虫翅膀的翅脉主要包括 4 条纵脉，两条横脉 B 图所示，B—Hs-Gal4 启动子诱导果蝇 anchor 低表达的成虫翅膀。B、D、F、H、J—果蝇翅膀特异性的启动子诱导果蝇 anchor 低表达的成虫翅膀。F—A9>anchor RNAi。J—MS1096>anchor RNAi。D—dpp>anchor RNAi。H—en>anchor RNAi。F、J、D、H 均展现出翅脉的变宽与翅增加。图片为相同的放大倍数，所有成虫翅膀为雌性后代来源，标尺为 200μm。

2.2.3　低表达 anchor 基因对翅膀面积的影响

除了低表达 anchor 导致翅脉异常的表型外，我们发现低表达 anchor 还可以导致翅膀面积增加的现象。与对照相比 A9>anchor RNAi 成虫翅膀的面积增加了 17%（图 1-2-3A、C）。同时，dpp>anchor RNAi 果蝇翅膀的 L3 与 L4 翅脉之间的距离增加了 7%（图 1-2-3B、D）。我们还采用了另外一种 anchor RNAi 干扰的果蝇品系为 v105969（购自 VDRC，没有提到 anchor 品系的均为 v8532）。利用 A9-Gal4 与 MS1096-Gal4 与其杂交后，结果显示：低表达 anchor 成虫翅膀形成了多余的翅脉，并且翅膀的面积变大，A9>anchor RNAi (v105969) 与对照相比成虫翅膀面积增加 13%（图 1-2-4A~C、G），MS1096>anchor RNAi (v105969) 与对照相比成虫翅膀面积增加 10%（图 1-2-4D~G）。根据以上实验结果说明 anchor 参与果蝇翅膀的生长调节。

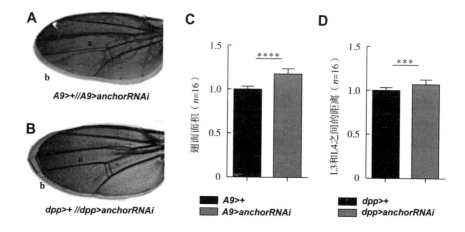

图 1-2-3　anchor 基因低表达引起成虫翅膀面积增加

A—叠加的 A9>+a 与 A9>anchor RNAib 成虫翅膀展现出后者更大的翅膀。B—叠加的 dpp>+a 与 dpp>anchor RNAib 成虫翅膀展现出后者更长的 L3 与 L4 之间的额距离。C、D—对 A 和 B 中面积和距离的定量分析。所有成虫翅膀为雌性后代来源，标尺为 200μm。

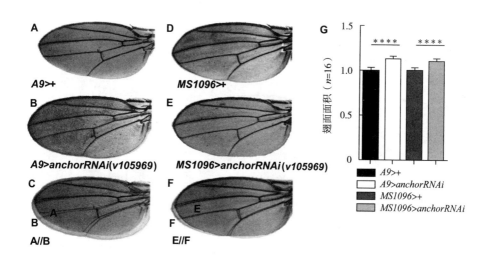

图 1-2-4　另一种 anchor RNAi（v105969）品系低表达
成虫翅膀得到相似表型

A~F—敲低的 anchor 基因的 A9>anchor RNAi（v105969）和 MS1096>anchor RNAi（v105969）的果蝇翅膀展现出多余的翅脉与变大的面积，这与之前采用的 anchor RNAi（v8532）品系的结果相似。C、F—A9>anchor RNAi（v105969）和 MS1096>anchor RNAi（v105969）与对照果蝇的成虫翅膀的叠加结果。G—A9>anchor RNAi（v105969）和 MS1096>anchor RNAi 翅膀面积的定量分析结果。

2.2.4 低表达 anchor 基因分别对幼虫期与蛹期翅发育的影响

之前我们得到的结果表明，从受精卵开始降低果蝇 anchor 基因的表达会引起果蝇的受精卵致死的现象。那么是否幼虫期和蛹期降低 anchor 基因会导致其不同的发育表型呢？因此我们利用温度敏感型的果蝇进一步验证 Anchor 蛋白对果蝇翅发育不同阶段的影响。nubblin-Gal4 是翅面特异性的启动子，我们采用 nub-Gal4::tubulin-Gal80^{ts} 果蝇品系诱导 anchor RNAi 分别在幼虫期与蛹期低表达。以上两种果蝇杂交后放置18℃，此时 nub-Gal4::tubulin-Gal80^{ts} 不启动。待 nub^{ts}>anchor RNAi 受精卵孵出幼虫后放置29℃培养箱48h后，放置18℃直到羽化成虫，或者 nub^{ts}>anchor RNAi 三龄幼虫晚期开始结白蛹时放置29℃培养箱24h。前者在幼虫时期降低 anchor 基因的表达量后引起翅膀的面积增加，但不影响翅脉的发育（图 1-2-5A、B、C）。后者则相反，蛹期低表达 anchor 后显著引起翅脉的发育异常，表现为翅脉变宽并形成多余翅脉（图 1-2-5A'、B'），且翅膀面积没有明显变化（图 1-2-5C）。实验结果表明，在幼虫期和蛹期降低 anchor 基因会引起不同的翅膀表型，这种现象与过度激活 Dpp 信号引起翅膀的异常表型相似，因此我们猜测 anchor 基因可能参与 Dpp 信号对翅发育起到调节作用。

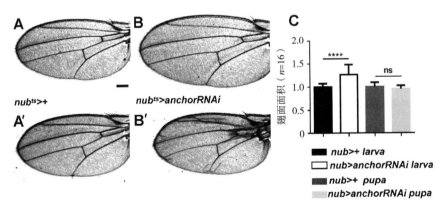

图 1-2-5 在果蝇翅发育的不同阶段降低 anchor 基因的表达

A~B'—利用温度敏感的 nub-Gal4 启动子诱导 anchor RNAi，分别在幼虫时期29℃诱导48h。A、B—或者在蛹期开始时，29℃诱导24hA'、B'。C—对以上两种情况的成虫面积的比较结果。标尺为200μm。

为了进一步证实 Anchor 在翅发育中发挥重要作用，我们构建了转基因的突变体果蝇，该果蝇可过表达 anchor 基因的完整的编码序列。同时，我们排除了 UAS-line 对果蝇翅膀表型的影响，我们用 UAS-GFP 与 A9>anchor RNAi 结合，其后代与突变体表型一致（图 1-2-6A~D）。由于 A9>anchor RNAi 在 29℃ 低表达后引起的表型过于显著，因此，我们降低了实验温度，将 A9>anchor RNAi 受精卵开始到蛹期开始放置 18℃，结蛹后 29℃ 放置 10~12h 再放回 18℃ 继续培养直至羽化成虫。相同条件下，我们利用 UAS-anchor 果蝇与 A9>anchor RNAi 杂交，其后代成虫翅脉表现为变宽的现象得到缓解，且多余翅脉减少（图 1-2-6E~I）。此外，我们还采用了 $anchor^P$ 品系果蝇，该果蝇的 P-element 插入 anchor 基因的 5′ UTR 处，并且插入序列包括一个 Gal4 的响应的增强子，因此该果蝇与 Gal4 启动子结合后引起 anchor 基因的过表达。A9>anchor RNAi/$anchor^P$ 的果蝇展现出同样的救援效果，翅脉变宽的现象减轻，翅脉增多的现象减少（图 1-2-6F~J）。以上结果说明 Anchor 在翅发育尤其是翅脉的形成中发挥重要作用。更重要的是，我们发现 anchor 低表达引起的翅脉异常的表型与 BMP 信号过表达的效果相似。因此，我们猜测果蝇的翅发育中，Anchor 可能通过 BMP 信号发挥作用。

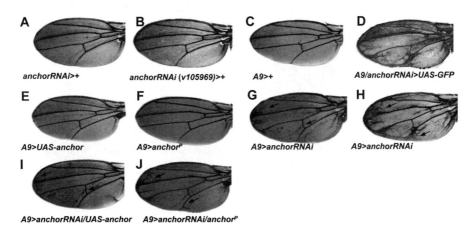

图 1-2-6 过表达 anchor 基因可以恢复由于 anchor RNAi 干扰引起的异常表型

为了排除 UAS 本身对实验的影响，我们采用 A9>anchor RNAi/UAS-GFP 果蝇翅膀的照相，结果与 A9>anchor RNAi 果蝇的表型一致 D、H。在 A9>anchor RNAi 的基础上过表达 anchor 基因，均可缓解由于 anchor 基因低表达引起的翅脉异常现象：E~I 一种过表达 anchor 果蝇为 UAS-anchor，其可过表达全长 anchor 基因编码序列。F~J 另一种过表达果蝇为 $anchor^P$，该果蝇的 P-element 包含一个 Gal4 响应的增强子，且插入 anchor 基因的 5′ UTR 处，与 Gal4 系统结合后可引起下游 anchor 基因的过表达。标尺为 200μm。

2.2.5 Anchor 在翅膀中的定位

为了深入研究 Anchor 在翅发育中的生物学功能，我们分析了 anchor 基因的组织定位。采用了原位杂交的方法，制作了 anchor 基因的 RNA 探针，在果蝇的幼虫期的翅原基与蛹期的翅膀检测其表达量。对照组的翅原基原位杂交结果表明，anchor 基因在整个翅面区域表达，而 A9>anchor RNAi 与 MS1096>anchor RNAi 三龄幼虫翅原基 anchor 基因的表达量明显下降（图 1-2-7A~D）。同时，24h APF 的蛹期果蝇的翅膀的原位杂交结果表明，anchor 基因在蛹期翅膀脉间区与翅脉均表达（图 1-2-7E、E′）。

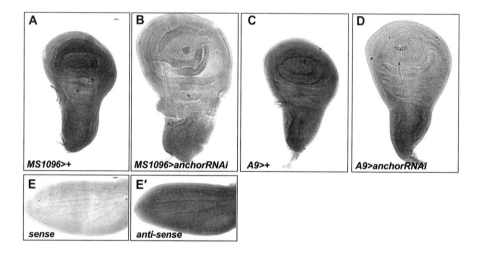

图 1-2-7 *anchor* 基因在翅原基与蛹期翅膀的分布

A、C—anchor 基因对照翅原基表达在翅原基中广泛的表达。B、D—A9>anchor RNAi 与 MS1096>anchor RNAi 的翅原基中 anchor 基因的表达量明显下降。由于 A9 与 MS1096 的表达位置在翅面区与铰链区，anchor 表达量在这些区域相应的降低。E、E′—野生型果蝇蛹期翅膀的 anchor 基因在翅脉与脉间区均表达。通过 anchor 特异性的探针在果蝇的翅膀中进行的原位杂交实验。实验果蝇在 29℃ 培养，选择雌性后代作为实验材料。标尺为 50μm。

2.2.6 Anchor 低表达翅原基的细胞增殖分析

通过上述原位杂交的实验结果我们发现，我们提取的 anchor 低表达的翅原基与对照组相比面积变大，因此我们猜测 anchor 基因可能影响翅原基的细胞增殖。果蝇翅膀的细胞增殖是从幼虫时期开始的，而且最终成虫面积的大小是由幼虫末期翅原基的大小决定的。*anchor* 低表达引起翅膀面积的增加可能与翅原基的细胞增多有关。为了验证我们的猜测，我们采用 phospho histone H3 抗体检测幼虫时期翅原基的细胞增殖情况。phospho histone H3 抗体用以检测细胞分裂处于 M 期的细胞。实验结果显示 *A9>anchor* RNAi 翅原基中 PH3 阳性的细胞较对照组增加 40%（图 1-2-8A、B、E）。同时，我们采用了 *en-Gal4* 特异的在翅原基的 posterior 区域的启动子，对 *en>anchor* RNAi 果蝇的翅原基进行 PH3 抗体染色，在 posterior 区域的 PH3 阳性细胞数量比 anterior 区域增加了 77%（图 1-2-8F、G）。同时，我们用 Wg 抗体标记翅原基的翅面区域，并分析了翅面区域的面积变化，结果显示 *A9>anchor* RNAi 果蝇的翅面区域面积比对照增加 40%（图 1-2-8A′、B′、H）。通过 Wg 抗体染色的结果我们还发现低表达 *anchor* 基因引起翅原基的 Wg 表达量的升高。为了进一步证实我们的实验结果，我们在 *A9>anchor* RNAi 果蝇的基础上过表达 *anchor* 基因，结果显示由低表达 *anchor* 引起的翅原基增多的 PH3 阳性细胞，变大的翅面面积与增加的 Wg 的表达量均得到救援（图 1-2-8C~C′、G~I）。此外，我们在果蝇翅原基中过表达 *anchor* 后使 PH3 阳性细胞的减少，但翅面面积与 Wg 的表达量没有明显变化（图 1-2-8D~D′、G~I）。

根据已知文献的报道，细胞凋亡会引起 Wg 的表达量升高，同时会引起组织的自我修复功能从而促进细胞的增殖。我们通过对 *A9>anchor* RNAi 的果蝇翅原基进行了 TUNEL 染色并未检测到凋亡细胞。此外，我们用 *wg* RNAi 降低 *A9>anchor* RNAi 果蝇中的 *wg* 的表达量，但实验结果表明，即使降低 *wg* 的表达量其翅面的 PH3 个数也没有恢复的效果，因此 Wg 信号与 *anchor* 基因低表达引起的细胞过度增殖无关（图 1-2-8A、B、E、G）。以上实验结果说明了 *anchor* 基因是通过调节幼虫时期翅原基细胞的增殖的方式来调控翅膀面积的。

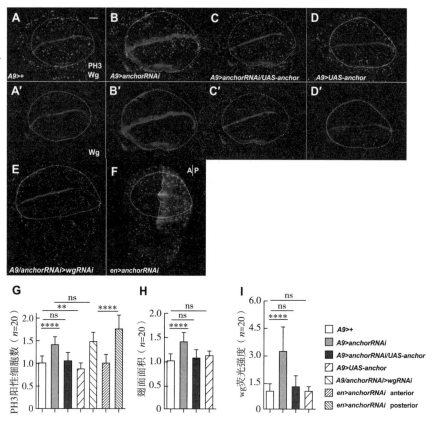

图 1-2-8　*A9>anchor* RNAi 突变体翅原基细胞的增殖分析

A～D′—基因型分别 *A9>+*、*A9>anchor* RNAi、*A9>anchor* RNAi/*UAS-anchor* 和 *A9>UAS-anchor* 的果蝇为有丝分裂与翅面发育分析。PH3 标记处于分裂期的细胞（绿色），翅面区域用 Wg 抗体染色标记（红色），同时用白色点状线段标记翅面区域。低表达 *anchor* 基因导致翅面区域 PH3 阳性细胞数量增加（B、B′）。该表型可以被过表达 *anchor* 基因得到恢复。降低 wg 的表达量并不能缓解由于 *anchor* 低表达引起的 PH3 阳性细胞数量增加的现象（B、E）。另外采用的 *en-Gal4* 启动子敲低 *anchor* 基因使 posterior 区域 PH3 阳性细胞数量比 anterior 区域明显增多（F）。G～I—为 PH3 阳性细胞、翅面区域面积与 Wg 的荧光强度数据分析。所有实验材料均在 29℃培养，且 A～D 挑选雌性后代提取翅原基。标尺为 50μm。

2.2.7　低表达 *anchor* 翅原基中 BMP 信号靶基因表达量分析

实验结果表明 *anchor* 基因低表达引起翅脉的异常表型与 BMP 信号的过度激活表型形似。由于过度激活 BMP 信号会引起 Mad（Mothers against Dpp）的过量的磷酸化（Mothers against Dpp）。因此，我们利用 p-Mad 抗体染色检测 *anchor* 低表达突变体翅原基中 BMP 信号的活性。*A9>*

anchor RNAi 翅原基的 p-Mad 的染色结果表明，*anchor* 基因的低表达并不影响 p-Mad 沿 A/P 界限的表达模式，但其荧光强度明显增加（图 1-2-9A、B、K）。根据已知报道，过表达 Dpp 或者过度激活 Dpp 的受体会因为翅原基组织的过度生长以及增加 Dpp 下游靶基因表达量升高。BMP 信号途径中依赖 p-Mad 激活的靶基因包括 *omb*、*sal*、*Dad* 和 *brk*，而且这些基因的表达模式均沿 A/P 界限。因此，我们分析了 p-Mad 下游转录靶基因在 *anchor* 敲低的果蝇的翅原基中的表达情况。结果显示，在 *A9>anchor* RNAi 翅原基中 *omb* 和 *sal* 基因表达的亮度与沿 D/V 界限的宽度较对照均增加，然而 *Dad* 与 *brk* 的表达量较对照没有变化（图 1-2-9C~J、L~O）。然而，我们在 *A9>anchor* RNAi 蛹期翅膀中检测了 *Dad* 和 *brk* 的表达量，结果显示其表达量较对照显著升高（图 1-2-10 A~D）。以上结果说明，Anchor 蛋白通过拮抗 BMP 信号的方式调控果蝇翅发育。尽管在 *A9>anchor* RNAi 翅原基中，p-Mad 磷酸化的水平不足以引起 *Dad* 与 *brk* 的表达量的升高。由于果蝇翅膀面积增加和 Omb 与 Sal 的表达量升高，在这种情况下 Dad 与 Brk 的表达量也应随面积增加而变大，然而 Dad 与 Brk 没有变大就意味着相对减少。总而言之，这些结果说明 Anchor 不仅可以引起 p-Mad 过度的磷酸化，还影响其下游靶基因的转录。

2.2.8　Anchor 低表达对蛹期前体翅脉的影响

在变态发育过程中，Dpp 信号在果蝇翅发育中经历了改变。在幼虫期 p-Mad 的表水平就代表了 Dpp 的浓度梯度，这样的表达模式将一直维持到翅膀变态发育早期。当幼虫期结束后，p-Mad 的表达模式也随着翅原基的变态发育而消失，最终重新定位在蛹期翅膀的前体翅脉中（图 1-2-11A~A′、C~C′）。由于 Dpp 信号发生的改变，我们猜测 *anchor* 基因参与调节前体翅脉细胞的分化。我们在敲低 *anchor* 基因的蛹期果蝇的翅膀中用 DSRF（*Drosophila* Serum Response Factor）抗体标记脉间区细胞，p-Mad 抗体标记翅脉细胞，我们发现 p-Mad 的表达量明显升高，且表达模式紊乱（图 1-2-11B~B′、D~D′）。该结果说明在 *anchor* 低表达的果蝇蛹期翅膀中，p-Mad 的表达量同样明显升高，从而引起成虫翅膀异常翅脉的表型。因此我们认为在蛹期翅发育的早期，*anchor* 基因对于 BMP 信号维持翅脉正常的形态发育起到必要的调控作用。

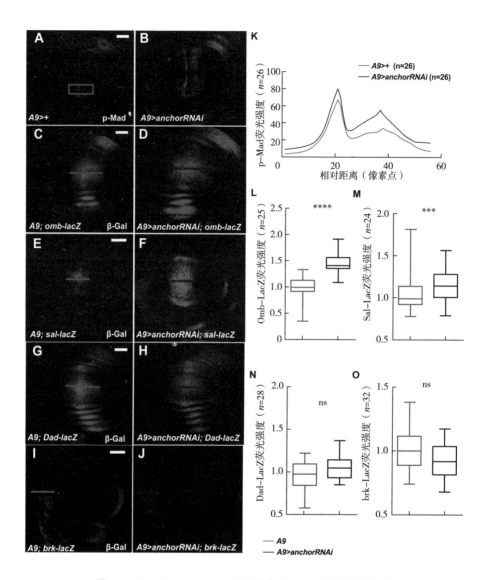

图 1-2-9 A9>anchor RNAi 突变体中 BMP 信号活性分析

A、B、K—对照与 A9>anchor RNAi 果蝇幼虫翅原基的 p-Mad 荧光免疫染色（绿色），anchor 低表达后 p-Mad 的表达量升高（A~B）。橙色与蓝色矩形框区域内用 imageJ 软件分析 A9>+ 与 A9>anchor RNAi 的 p-Mad 的表达量明显升高（K）。C~J—BMP 信号途径的靶基因 omb、sal、Dad 和 brk 基因连接了 lacZ 报告基因检测其表达量。其中 Omb 与 Sal 的表达量明显升高，Dad 与 Brk 的表达没有改变（G~J）L~O—BMP 信号靶基因沿 D/V（Dorsal/Ventral）界限的表达宽度的定量分析。实验材料 29℃ 培养，并挑选雌性后代。标尺为 50μm。

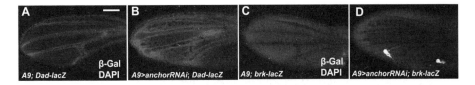

图 1-2-10　*anchor* 基因敲低使 Dad 与 brk 在蛹期翅膀的表达量升高

BMP 信号的靶基因 *Dad* 与 *brk* 连接 lacZ 报告基因用以检测其表达量。实验结果显示 *Dad* 的表达在变宽的变多的前体翅脉中，*brk* 则由于前体持买单额增多导致其表达量下降。实验果蝇在 29℃ 培养，且为雌性后代。标尺为 100μm。

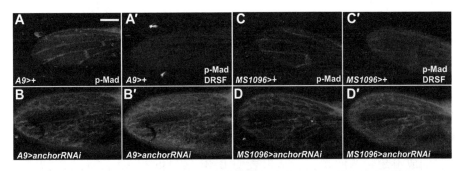

图 1-2-11　A9>*anchor* RNAi 果蝇中前体翅脉中 p-Mad 的表达大量增加

在 24h APF 的果蝇蛹期翅膀中利用 p-Mad（绿色）和 DSRF（红色）分别标记翅脉细胞与脉间区细胞。对照组 p-Mad 定位于前体翅脉和 anterior 边缘翅脉中（A~A′、C~C′）。敲低 *anchor* 基因后，蛹期翅膀的 p-Mad 的表达量明显大量升高（B~B′、D~D′）。实验材料在 29℃ 培养，挑选雌性后代，标尺为 100μm。

2.2.9　BMP 信号通路的上位效应分析

在蛹期阶段，Dpp 信号对于翅脉细胞分化并确保这些细胞的准确定位是十分重要的。已知报道中表明过表达 *dpp* 基因或者过度激活 Dpp 信号会引起翅脉变宽并形成多余翅脉。为了进一步调查 Anchor 与 Dpp 信号的关系，我们采用 Dpp 信号相关的基因与 A9>*anchor* RNAi 结合的救援实验。

首先是 Dpp 信号细胞内的媒介因子 *Med* 与 *Mad* 用 RNAi 干扰的方式低表达后，成虫翅膀翅脉表现为 L3-L5 长纵脉的部分缺失（图 1-2-12G、H）。然而，我们在 A9>*anchor* RNAi 降低 *Med* 或 *Mad* 的表达量后，成功地限制了其后代翅脉的宽度与数量（图 1-2-12A，M、N）。另外一种 *Mad*

的亚等位基因突变体 Mad^{12} 与 A9>anchor RNAi 的杂交后代同样展现出一定的恢复效果（图1-2-12B、C）。该结果说明 Anchor 可以限制翅脉的形成，且 Med 与 Mad 是 anchor 基因下游的关键因子。其次是 Dpp 信号中的受体 Tkv、Sax 或 Put 与 anchor 基因之间的关系。我们通过 tkv^7、tkv^{427}、sax^4 亚等位基因的突变体与 sax RNAi、put RNAi 果蝇与 A9>anchor RNAi 杂交后代翅脉均得到显著的恢复效果（图1-2-12A~B、D~F、I~J、O~P）。同时，这些 Dpp 信号的突变体 Mad^{12}/+、sax^4/+、tkv^7/+ 和 tkv^{427}/+ 成虫翅膀翅脉均为正常形态。最后是 Dpp 信号中的配体 Dpp、Gbb 与 anchor 基因的关系。单独在果蝇中敲低 dpp 或 gbb 基因的翅膀表现为翅脉的缺失与面积的减小现象（图1-2-12K、L）。在 A9>anchor RNAi 敲低 dpp 的表型与单独敲低 dpp 的翅脉表型几乎一致，即 anchor 为 dpp 的上位效应基因（图1-2-11K、Q）。然而 gbb RNAi 与 A9>anchor RNAi 杂交后代果蝇翅膀表现为缓解了由 gbb 低表达引起的翅脉缺失与翅膀面积减小的现象，且远端翅脉有 anchor 基因低表达引起稍微变宽的现象（图1-2-12B、L、R）。以上结果说明 dpp 对于 anchor 低表达引起的异常翅膀表型是必要的。我们详细分析了上位效应实验的成虫翅膀的面积，该结果表明 BMP 信号的相关因子可以救援由低表达 anchor 基因引起的成虫翅膀面积变大的现象（图1-2-12S、T）。以上结果说明，低表达 anchor 引起的翅膀的异常表型需要 dpp 的参与才能实现。

除了 BMP 信号外，Notch 与 EGFR 信号也对果蝇翅脉的形成有调控作用。研究表明 Notch 与 EGFR 信号在翅发育中起到维持翅脉正确的宽度的重要作用。其中 EGFR 信号促进翅脉的形成，Notch 信号则抑制多余翅脉的产生。已知报道表明抑制 Notch 信号或过度激活 EGFR 信号将形成多余翅脉或者翅脉变宽等异常现象。我们分别利用 N^{Mcd8} 和 EGFR RNAi 在 A9>anchor RNAi 果蝇中过表达 Notch 信号与降低 EGFR 信号，结果显示以上两种方式并不产生救援效果（图1-2-13A、B、C）。这个结果说明 anchor 基因低表达引起的翅膀异常现象与 Notch 和 EGFR 信号无关。

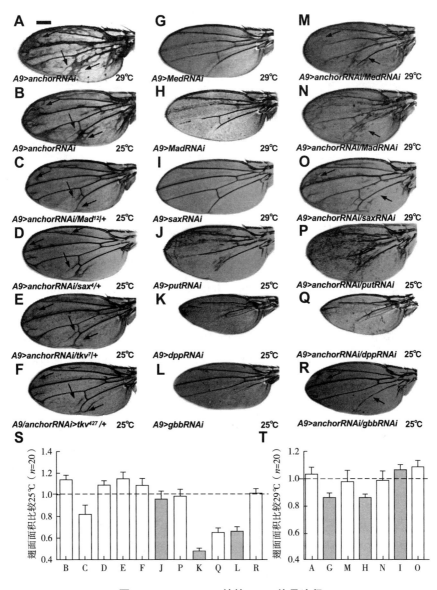

图 1-2-12 Anchor 拮抗 BMP 信号途径

A、B—A9>anchor RNAi 果蝇翅膀的 L3 和 L5 与远端边缘翅脉变宽，同时脉间区产生大量的多余翅脉。C—A9>anchor RNAi/Mad[12] 能够抑制翅脉变宽的表型。D—A9>anchor RNAi/sax[4] 成功抑制远端翅脉变宽的现象。E—A9>anchor RNAi/tkv[7] 成功抑制变宽的 L5 翅脉。F—A9>anchor RNAi/tkv[427] 成功抑制变宽的远端与 L5 翅脉。G—低表达 Med 引起 L3-L5 纵脉的部分缺失。M—A9>anchor RNAi/Med RNAi 抑制了翅脉变宽的现象。H—低表达 Mad 引起 L3-L5 纵脉的部分缺失。N—A9>anchor RNAi/Mad RNAi 抑制了 L5 翅脉变宽的现象。I—低表达 sax 对果蝇翅膀几乎没有影响。O—A9>anchor RNAi/sax RNAi 成虫翅膀的 L2 变宽的现象得到抑制。J—低表达 put 使 L3-L5 翅脉部分缺失，并产生多余的短小翅脉。P—A9>anchor RNAi/put RNAi 成虫翅膀翅脉变宽的现象得到恢复。K—低表达 dpp 引起成虫翅膀面积减小，大部分翅脉消失。Q—A9>anchor RNAi/dpp RNAi 的成虫翅膀与仅降低 dpp 的成虫翅膀的表型几乎一致。L—低表达 gbb 引起成虫翅膀面积变小与 L5 的部分缺失。R—A9>anchor RNAi/gbb RNAi 成虫翅膀翅脉变宽和多余翅脉的现象均得到恢复。S、T—为 A-R 翅膀面积的定量分析。标尺为 200μm。

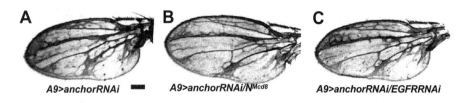

图 1-2-13 *anchor* 低表达引起的翅脉异常现象与 Notch 和 EGFR 信号无关

过表达 Notch 信号或者低表达 EGFR 信号均不能明显地恢复 A9>*anchor* RNAi 果蝇异常的翅膀表型。杂交的果蝇在 29℃ 培养，并挑选雌性后代照相，标尺为 200μm。

2.2.10 Anchor 作用于 BMP 信号配体具有选择性

BMP 信号有两个配体 Dpp 与 Gbb，且配体与受体结合均以二聚体的形式，即 Dpp-Dpp、Gbb-Gbb 和 Dpp-Gbb 三种组合形式。其中 Dpp-Gbb 能够引起下游 Mad 较强的磷酸化，Dpp-Dpp 次之，而 Gbb-Gbb 几乎不引起 Mad 的磷酸化。过表达 *dpp* 与 *gbb* 均会引起 Mad 的过度磷酸化，从而引起成虫翅脉的异常现象（图 1-2-14A′、C′、D′）由于 Dpp 与受体 Tkv 结合从而引起下游信号的传递，因此 Dpp 水平没有变化时，过表达 Tkv 对下游信号并无影响，因此没有多余翅脉的形成（图 1-2-14B′），由于 Anchor 负调控 BMP 信号，低表达 *anchor* 基因可能促进 Dpp 与 Tkv 的结合，从而引起 Mad 的过度磷酸化（图 1-2-14B）。为了证明这一猜测我们检测了 *dpp* 的表达量，结果显示，A9>*anchor* RNAi 果蝇翅原基中 *dpp* 的表达量明显升高（图 1-2-14E、F、I）。当 A9>*anchor* RNAi 中过表达 Dpp 后引起 Dpp 形成更多的同源二聚体，因此引起 Mad 的过度磷酸化，从而导致成虫翅膀形成异常的翅脉（图 1-2-14C、C′）。我们同样检测了 *gbb* 的表达量，但低表达 *anchor* 后 *gbb* 的表达量较对照并无明显变化（图 1-2-14G、H）。而且过表达 *gbb* 引起成虫翅膀的翅脉增多且变宽的现象。A9>*anchor* RNAi 中过表达 *gbb* 引起 Dpp 与 Gbb 形成更多的异源二聚体从而引起更加强烈的 Mad 的磷酸化，并不是促进 Gbb 形成同源二聚体，因为 Gbb-Gbb 不会引起下游信号的转导，因此成虫翅膀表现为翅脉严重增加的现象（图 1-2-14 D、D′）。以上实验结果说明 Anchor 蛋白低表达在 BMP 信号途径中更易促进 Dpp 配体的向下游转导信号。

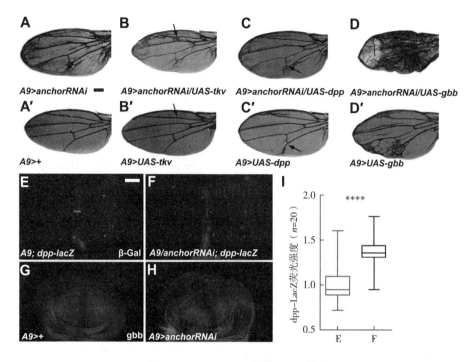

图 1-2-14 Anchor 拮抗 BMP 信号

A~D—在 A9>anchor RNAi 果蝇中诱导过表达 *tkv* 或 *dpp* 增加了翅脉变多变宽的效果（B、C）。相同条件下 *gbb* 的过表达却能引起比上述更加强烈的效果（D）。A'~D'—为对照组果蝇翅膀。25℃培养，挑选雌性后代成虫翅膀照相，标尺为 200μm。E~I—*anchor* 低表达果蝇中 Dpp 和 Gbb 信号的表达分析，结果表明 *dpp* 的表达量明显升高，*gbb* 的表达量却没有明显变化。I—定量分析 dpp 的表达量，通过测量 *dpp* 在 D/V 界限上的宽度。果蝇在 29℃培养，挑选幼虫翅原基染色。标尺为 50μm。

2.3 讨论

在这部分研究中我们分析了新基因 *anchor* 在翅发育中的作用。在果蝇翅膀中特异地敲低 *anchor* 基因引起果蝇翅脉变宽且形成多余翅脉。这种特殊的翅膀表型与 BMP 信号过表达相似。同时，我们还发现低表达 *anchor* 可促进果蝇幼虫翅原基细胞增殖从而使翅膀面积增加。p-Mad 是幼虫时期的 BMP 信号的标志因子，免疫染色的结果发现其表达量在 *anchor* 突变体中明显升高，并且在蛹期果蝇翅膀中 *anchor* 基因也发挥着控制 p-Mad 在前体翅脉的定位作用。除了 p-Mad，BMP 信号的其他靶基因也受到 *anchor* 基因表达量的降低而过度激活。上位效应实验进一步说明 Anchor 是 Dpp 的上位效应因子，*dpp* 对于 *anchor* 基因低表达引起的异常的翅膀表型是必要的。总之，我们认为 Anchor 在 BMP 信号途径中起到十分重要的拮抗作用以调控果蝇的翅发育。

幼虫时期低表达 *anchor* 促进翅原基的细胞增殖使果蝇的翅膀面积增加，在果蝇的器官生长中存在多种信号途径对细胞增殖起到调节作用。其中，Dpp 与 Wg 信号通过不同的方式影响翅原基的生长发育。Dpp 是一种成形素，可以指导器官的三维结构生长发育，它是沿 A/P 分泌界限向 anterior 与 posterior 区域以浓度梯度的形式扩散在细胞间，以发挥对不同位置细胞的分化定向作用。在翅原基中过表达 *dpp* 或者过度激活 BMP 信号会引起组织的过度生长，从而导致成虫翅膀面积增加。幼虫期翅原基敲低 *anchor* 基因引起 p-Mad 以及其下游的靶基因 *sal* 和 *omb* 的表达量明显升高，这些现象表明 Anchor 负调控 Dpp 信号从而抑制细胞的增殖。Wg 也是一种成形素，可以指导翅膀的边缘的形成，幼虫时在翅原基翅面表达形成类似椭圆的闭合环状细胞带，且沿翅原基 D/V 边界分布 2~3 个细胞宽度的条带将翅面区域分割为腹侧区（Ventral）和背部区（Dorsal）。Wg 信号涉及细胞增殖现象，多出现在细胞凋亡中，当细胞凋亡时会分泌大量的 Wg 促进其他的健康细胞进行增殖。我们并没有在 *anchor* 低表达的翅原基中检测到凋亡细胞，但其翅原基 Wg 的表达量却明显升高，同时降低 Wg 信号也没有救援其细胞过度增殖，因此我们认为 *anchor* 基因低表达引起的细胞过度增殖与 Wg 信号无关。

幼虫时期，Dpp 是由表达在 A/P 边界更靠近 anterior 的边缘细胞带并通过与相应的受体结合从而引起下游靶基因的转录。蛹期开始后 Dpp 信号不仅表达在 A/P 边界还会表达在前体翅脉中，这样的转变导致其下游 p-Mad 与靶基因定位的变化。蛹期 24h 后 p-Mad 仅在前体翅脉中表达。*omb* 表达在翅膀的远端组织中，*Dad* 则表达在前体翅脉中，而 *brk* 表达在脉间区细胞中。蛹期 24h 低表达 *anchor* 引起 p-Mad 的过量表达，同时靶基因 *Dad* 的表达量也显著升高。同时，由于 p-Mad 的表达量扩大到对照的脉间区部分，*brk* 的表达量相对减少。以上实验结果说明 *anchor* 通过对 Dpp 信号的调节以维持脉间区细胞与翅脉细胞的正确界限，同时 *anchor* 对翅膀细胞的分化起到重要的调控作用。

在翅原基细胞中，BMP 信号包含两个配体：Dpp 与 Gbb，Dpp 配体可与 Tkv 受体结合，Gbb 配体与 Sax 受体结合。其中 I 型受体 Tkv 在 BMP 信号的靶基因转录中是必要元件，另一受体 Sax 可以通过与 Tkv 结合形成异源二聚体促进 BMP 信号的转导。翅原基中两种受体可以相互结合成三种二聚体，即 Tkv-Tkv、Sax-Sax 和 Tkv-Sax，其中 Tkv-Sax 引起下游 p-Mad 的表达量比 Tkv-Tkv 更高。然而，Sax-Sax 不会引起下游的 Mad 的磷酸化。本文研究结果表明 Anchor 负调控 Dpp 规范翅脉的延伸与定位（图 1-2-15 A），低表达 anchor 使 dpp 的表达量升高，gbb 却没有变化。正是由于 Anchor 低表达不能限制 Dpp，更多的 Dpp 与 Tkv 二聚体结合而引起下游 p-Mad 的表达量升高，且成虫翅脉变宽并产生多余的翅脉（图 1-2-15B）。我们还发现在低表达 anchor 基因同时过表达 dpp 或 tkv 均可引起 p-Mad 的水平升高（图 1-2-15C）。在相同情况下过表达 gbb 时，由于提供给 Dpp 更多与 Gbb 结合机会从而引起更为严重的 Mad 的磷酸化（图 1-2-15D）。因此，我们猜测位于细胞膜的 Anchor 可能限制 Dpp 的活性，使其不便与其他配体 Dpp 或 Gbb 结合，从而抑制 BMP 信号的过度激活。

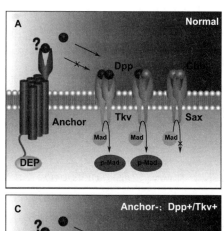
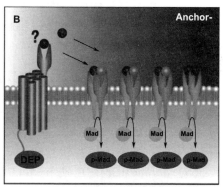
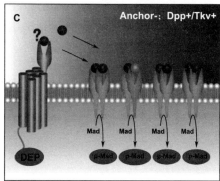
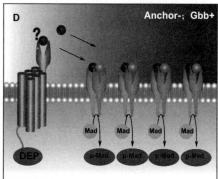

图 1-2-15　Anchor 在翅原基细胞中对 BMP 信号影响模式图

我们通过研究认为，果蝇 GPR155 即 Anchor 蛋白在器官组织的形态发育模式中起到至关重要的作用。anchor 基因低表达引起翅膀器官的形态变大，翅膀"骨骼"即翅脉异常表型，均是由于其对 BMP 信号的影响所致。同时为哺乳动物 GPR155 在调节细胞数量与细胞特异分化提供了理论依据。未来的研究中我们将会在 Anchor 与 Dpp 的作用关系中进一步探索，判断其是直接作用还是间接影响，从而为 GPR155 提供更多的论基础。

2.4 小结

本研究以果蝇翅膀为研究对象，探索 Anchor 在果蝇翅发育中的作用与功能。主要通过在果蝇翅膀中特异的低表达 anchor 基因，得到异常的翅膀表型并利用免疫染色与上位效应实验等方法分析不同时期果蝇翅膀的调控信号的变化，从而得到一些结果：

（1）anchor 基因的原位杂交实验说明，在幼虫期的翅原基与蛹期翅膀中，anchor 基因在翅面区域均表达。

（2）anchor 低表达引起成虫翅膀表现为翅膀面积增加且形成变宽和多余的翅脉。

（3）幼虫期低表达 anchor 引起翅膀面积增加，蛹期低表达 anchor 使翅脉过度分化。

（4）anchor 低表达引起幼虫翅原基面积增加，且处于细胞分裂的 M 期的细胞增加，细胞增殖明显升高。

（5）anchor 低表达可使 p-Mad 的水平升高，包括下游的 omb、sal 靶基因的过度激活。

（6）anchor 低表达引起蛹期 p-Mad 的表达量升高，其下游靶基因 Dad 的过度激活，brk 表达量降低。

（7）遗传学上位效应实验证明了 anchor 是 dpp 的上位效应基因，dpp 是 anchor 基因低表达引起翅膀异常表型的必要条件。

（8）Anchor 通过负调控 BMP 信号以影响果蝇翅膀的发育。

3 Jumu 在果蝇翅发育中的功能研究

3.1 材料与方法

3.1.1 实验材料

3.1.1.1 果蝇品系

$jumu^P$（GE27806）购自 GenExel（Daejeon）。$jumu^{Df3.4}$ 与 UAS-jumu 为 Alan M. Michelson 惠赠。jumu RNAi（$jumu^{GD4099}$）和购自 Vienna Drosophila RNAi Center（VDRC）。dTAK1 RNAi, hep RNAi, dTRAF1 RNAi, JNK RNAi, bsk^{DN} 和 UAS-puc，为徐天惠赠。MS1096-Gal4 为刘自广惠赠。UAS-cut 为宋艳惠赠。en-Gal4 购自清华果蝇保种中心。$DRONC^{DN}$ 为薛雷惠赠。其他实验室保存果蝇为 $Rho1^{CA}$、UAS-p35、puc-lacZ 和 W^{1118}。

3.1.1.2 仪器设备

解剖镜（Olympus），Zeiss Axioskop 2 plus 荧光显微镜。

3.1.2 实验方法

3.1.2.1 果蝇的饲养条件

实验室采用恒温培养箱饲养所需果蝇。W^{1118} 与 jumu 突变体果蝇在 25℃培养。RNAi 品系或 UAS-jumu 品系果蝇与其照组在 29℃培养。所有的果蝇杂交品系都培养在标准的果蝇培养基中，培养箱需维持 60%的湿度，模拟昼夜各 12h 的生存环境周期。

3.1.2.2 免疫荧光染色

方法及步骤同本章 2.1.2.3。

实验所需抗体：mouse anti-β-gal（Promega），mouse anti-Wg, mouse anti-Cut, mouse anti-DE-cad, mouse anti-βPS（Developmental Studies Hybridoma Bank），rabbit anti-dMyc（Santa Cruz），rabbit anti-p-JNK 和 rat anti-Jumu（实验室制备），rabbit phospho-H3（1∶800，Upstate）和7-AAD（Life Technologies）。二抗有 Alexa Fluor 488 和 Alexa Fluor 568（Thermo Fisher Scientific）。

3.1.2.3 TUNEL 染色

方法参考试剂盒说明书：In Situ Cell Death Detection Kit（Roche Biochemicals）。

（1）将组翅原基用 3.7%甲醛室温固定 30min；

（2）用 PBST（PBS+0.4% Tritonx-100）洗 4 次，每次 15min；

（3）加入 0.1% PBT+100mmol/L Sodium citrate（PBS+0.1%Tritonx）置于冰上 3min；

（4）用 PBS 洗 4 次，每次 10min；

（5）加入 TUNEL 试剂盒的酶混合液 37℃孵育 75min；

（6）用 0.1%PBT（0.1%Tritonx）洗 4 次，每次 5min；

（7）处理好的翅原基转移到载玻片，加入抗淬灭封片剂 slowfade 封片观察并拍照。

3.2 结果与分析

3.2.1 *jumu* 突变体成虫翅膀表型分析

由于所有的纯合 *jumu* 突变体均为受精卵致死没有成虫后代，因此，我们只能选择研究杂合 *jumu* 进行翅膀的观察与研究其在翅发育中发挥的作用。单拷贝的 *jumu* 突变体的成虫翅膀面积较对照减小 10%（图 1-3-2G~J），双拷贝的 *jumu* 突变的成虫翅膀面积减小 14%（图 1-3-1A、B、G、I）。我们还发现双拷贝 *jumu* 的突变体成虫的复眼的面积显著减小（图 1-3-1E、F、J）。*jumu*$^{D\beta.4}$/*jumu*^{P} 双拷贝突变的成虫翅膀虽然翅脉的表型并无异常（图 1-3 1A、B），但是其 posterior 区域边缘翅膀缺失（图 1-3-1A'、B'）。我们还发现在果蝇的脉间区出现多刚毛的现象（图 1-3-1A″、B″）。以上实验现象说明 *jumu* 的表达量降低影响翅发育。

为了证明这些翅膀的异常表型是由 *jumu* 低表达自主引起的，我们利用果蝇翅膀特异的启动子 MS1096-Gal4 在翅面区域敲低 jumu 的表达，其成虫翅膀的面积较对照减小 23%（图 1-3-1H、I），我们还意外地发现成虫翅膀的 ACV 缺失现象达到 55% 以上（图 1-3-1A、D）。敲低的 jumu 翅膀的 posterior 区域也表现出翅膀边缘缺失的现象（图 1-3-1D、D′）。同时脉间区的多刚毛现象更加显著（图 1-3-1D、D″）。

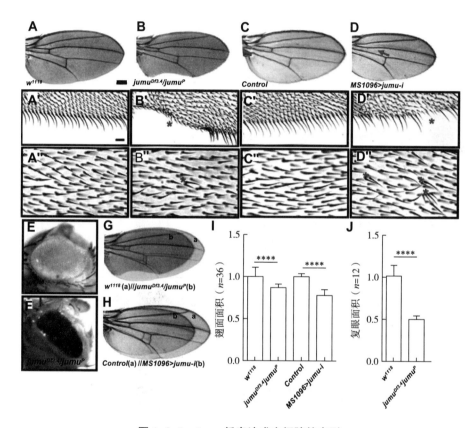

图 1-3-1　jumu 低表达成虫翅膀的表型

A、C—对照组果蝇基因型为 W^{1118} 或 $MS1096/W^{1118}$（$MS1096>+$，Control）。B、D、A′~D″—低表达 jumu 导致的异常的翅膀表型。B—双拷贝 jumu 突变体成虫翅膀（$jumu^{Df3.4}/jumu^P$），其 posterior 区域远端翅膀出现缺失。D—果蝇翅膀中特异性敲低导致横脉 ACV 缺失（55% 以上）。A′~D″—与对照相比低表达 jumu 引起翅膀边缘的缺失与多刚毛的产生。E、F—果蝇复眼的照片。F—jumu 突变体果蝇复眼面积变小，且表面粗糙。G、H—通过翅膀叠加的方式分析 jumu 低表达引起的翅膀面积变小的现象　I—G 与 H 的成虫翅膀面积的定量分析。J—E 与 F 中雌性果蝇复眼面积的定量分析。标尺为 A~D200μm，A′~D′50μm 和 A″~D″20μm。

为了进一步证实 Jumu 在果蝇翅发育中发挥作用,我们利用 *jumu* 过表达品系为 *jumu*^{P},其 P-element 插入 5′UTR 且包含一个 *Gal4* 应答的增强子,在 Gal4 启动下可以引起 *jumu* 基因的过表达。实验结果表明,在翅膀特异敲低 *jumu* 引起的异常翅膀表型经过表达 *jumu* 得到了恢复(图 1-3-2A~C、E、G)。另一种过表达 *jumu* 转基因果蝇 *UAS-jumu* 与 *MS1096>jumu* RNAi 结合,研究结果表明过表达 *jumu* 可以恢复翅膀的异常表型(图 1-3-2A、B、D、F、G)。

以上观察结果说明 Jumu 在翅发育中发挥着重要作用,此外 *jumu* 敲低引起的翅膀面积减小和 ACV 缺失现象与过度激活 JNK 信号表型一致。因此我们猜测 Jumu 可能通过 JNK 信号以调控果蝇翅发育的。

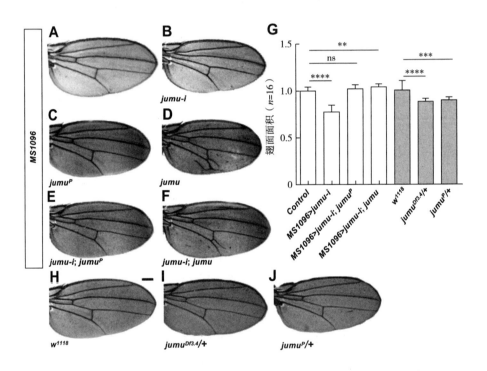

图 1-3-2　过表达 *jumu* 能够救援由 *jumu* 低表达引起的翅膀的异常现象

A~C、E—突变体果蝇 *jumu*^{P} 果蝇与 *Gal4* 启动子结合可以引起 *jumu* 基因的过表达,我们将其与 *MS1096>jumu* RNAi 结合后其后代成虫翅膀的异常表型得到了恢复,包括翅膀面积的减小,ACV 的缺失,边缘翅膀的缺陷与多刚毛现象。A、B、D、F—另一种转基因突变体果蝇 *UAS-jumu* 与 *MS1096>jumu* RNAi 杂交后过表达 *jumu* 可以恢复 *MS1096>jumu* RNAi 突变体中翅膀的缺陷表型。H~J—单拷贝杂合突变体 (*jumu*$^{Df3.4}$/+ 和 *jumu*^{P}/+)与对照相比翅膀面积变小。G—雌性果蝇翅膀面积的定量分析。标尺为 200μm。

3.2.2　Jumu 在幼虫与蛹期翅膀中的定位

为了研究 Jumu 在翅发育中的生物学功能，我们通过实验室制备的 Jumu 抗体对野生型果蝇的翅原基与蛹期翅膀进行染色。在幼虫期，我们挑选三龄幼虫期的果蝇的翅原基检测，结果表明 Jumu 主要表达在靠近 D/V 边界的翅面区域且在 D/V 边界处表达量较高（图 1-3-3A、C）。在蛹期时，我们选择 24h 的蛹期翅膀进行 Jumu 的抗体染色，我们意外地发现在蛹期时，Jumu 定位于脉间区细胞的细胞核，但在前体翅脉区域没有表达（图 1-3-3F、F′）。同时 *jumu* 突变体包括 *MS1096>jumu* RNAi 的幼虫期 Jumu 的表达量与对照相比明显降低（图 1-3-3B、D）。我们还采用了 *en-Gal*4 启动子，其在幼虫期仅启动 posterior 区域的 UAS 系统，这样我们在一个翅原基内既有对照又有实验组织，排除了实验操作的误差。结果表明 Jumu 在 anterior 区域的表达与之前野生型的表达模式一致，在 posterior 区域敲低 *jumu* 基因导致其表达量显著下降（图 1-3-3E、E′）。以上研究结果表明，无论是幼虫期还是蛹期，Jumu 在翅膀中的表达模式为其对翅发育的影响提供了便利条件。

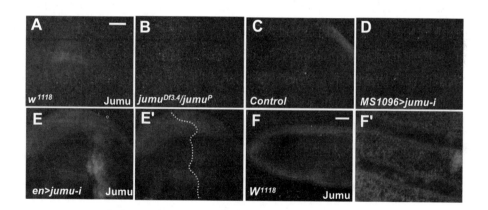

图 1-3-3　*jumu* 在果蝇幼虫翅原基与蛹期翅膀的表达模式

A、C—对照组三龄幼虫翅原基 Jumu 抗体染色，Jumu 分布在翅膀边缘的组织中。B、D—*jumu* 突变体 Jumu 的表达量明显下降。E、E′—*en-Gal*4 特异地在翅原基的 posterior 区域降低 Jumu 的表达量。F、F′—蛹期 24h 的翅膀中 *jumu* 表达在脉间区细胞。A~F 标尺为 50μm，F′标尺为 20μm。

3.2.3 *jumu* 低表达翅原基的细胞凋亡

jumu 低表达引起的成虫翅膀的面积变小，让我们猜测是否由于幼虫期的翅原基细胞死亡导致的。我们通过死亡细胞的染料（7-AAD）对 *jumu* 突变体三龄幼虫翅原基进行染色，结果我们检测到大量的 7-AAD 阳性的细胞（图 1-3-4A~D、M），这就说明低表达 *jumu* 引起翅原基细胞死亡导致成虫翅膀的面积变小。同时我们用 TUNEL 试剂盒对 *jumu* 突变染色，其翅面区域呈现出大量的凋亡细胞（图 1-3-4E~H、N）。为了进一步证实由 *jumu* 低表达引起的细胞凋亡现象为细胞自主现象，我们选择 *en-Gal*4 启动子在翅原基的 posterior 区域低表达 *jumu*，结果表明仅在 posterior 区域产生 7-AAD 阳性细胞，这个实验结果说明低表达 *jumu* 引起的翅原基的细胞凋亡现象是细胞自主的（图 1-3-5D、E）。组织器官在受到损伤产生细胞凋亡后，由于自我修复功能会促进其相邻健康细胞的增殖，因此我们检测了 *jumu* 突变体翅原基中的细胞分裂情况，其结果显示翅面的细胞增殖活动明显升高（图 1-3-4I~L、O）。另外，Wg 抗体标记的翅面区域的表达量也显著升高（图 1-3-4I'~L'）。在 *en>jumu* RNAi 的翅原基中得到相同的结果，posterior 区域的细胞增殖增加且 Wg 的表达量明显升高（图 1-3-5A~C）。以上实验结果表明 *jumu* 低表达引起了细胞凋亡的代偿性增殖。

已知研究表明 JNK 信号的过度激活会引起细胞的凋亡现象，同时成形素 Wg 表达量升高会促进健康细胞的增殖以补偿由凋亡引起的细胞的大量减少从而维持器官的完整性。*jumu* 突变体展现的翅原基中异常的细胞增殖与 Wg 的升高暗示了其与 JNK 信号的相关性。总之，我们推测 Jumu 可能通过 JNK 信号参与果蝇翅发育的调节作用。

3.2.4 低表达 *jumu* 翅原基的 JNK 信号分析

为了检验 JNK 信号在 *jumu* 低表达引起的细胞凋亡中是否发挥的重要作用，我们分析了 *lacZ* 报告基因的 *puc* 的表达量，*puc* 是 JNK 信号转录的靶基因。我们发现在翅脉面区域敲低 *jumu* 的翅原基中 *puc* 的表达量显著升高（图 1-3-6A、B、L），该实验结果说明低表达 *jumu* 引起 JNK 信号的激活。我们也检测了另一种 JNK 信号激活的标志因子 p-JNK，通过其抗体染色后的结果表明被磷酸化的 JNK 的细胞数量明显升高（图 1-3-6C、D、

第1章 果蝇翅发育研究

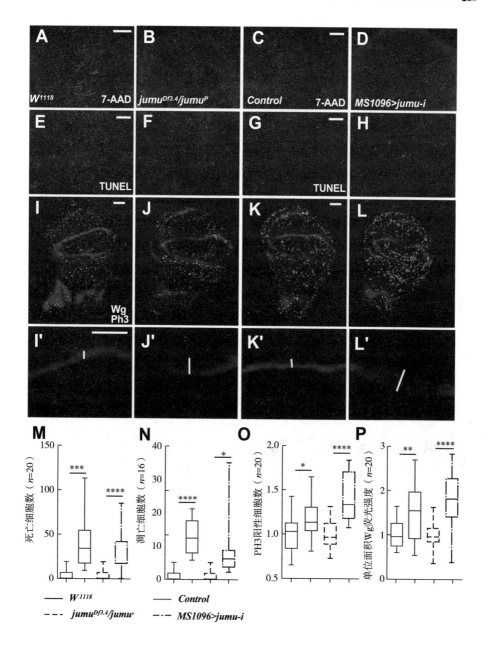

图 1-3-4 低表达 jumu 导致细胞凋亡以促进细胞增殖

A~D—翅原基的7-AAD染色，红色的点就是死亡细胞。E~H—翅原基的TUNEL染色，红色的点就是凋亡细胞。I~L—翅原基的细胞的增殖分析，PH3标记翅原基处于有丝分裂的M期的细胞（绿色），低表达 jumu 的翅原基中有丝分裂增强。Wg标记的翅面区域（红色）其表达量也明显升高。(I'~L') D/V 界限的 Wg 的放大倍数图片，明显看出 Wg 的扩散范围变宽 M~P—A~L'的数据的定量分析结果。标尺为 50μm。

M）。同时，在翅原基的 posterior 区域降低 *jumu* 的表达量同样能够激活 JNK 信号（图 1-3-5J~M）。以上结果说明 Jumu 是 JNK 信号的抑制因子。

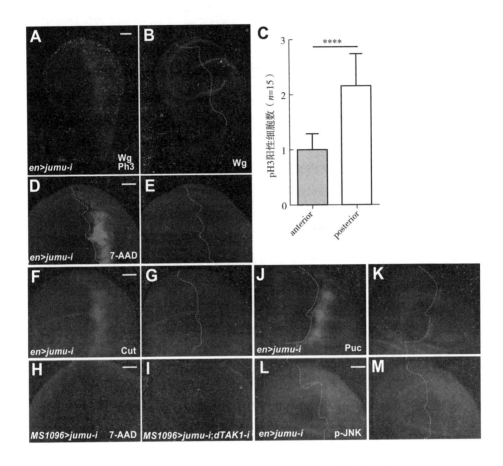

图 1-3-5 在 *en>jumu* RNAi 中翅原基的免疫染色结果

A~C—*en>jumu* RNAi 果蝇中的有丝分裂分析，PH3 阳性细胞的数量显著增加（A、C）。同时，Wg 的表达量显著升高（B）。D、E—*en>jumu* RNAi 幼虫翅原基的 posterior 区域的死亡细胞数量升高。F、G—*en>jumu* RNAi 翅原基的 Cut 的表达量在 posterior 区域的表达量降低。J~M—*en>jumu* RNAi 翅原基 JNK 信号的标志基因 *puc* 和 p-JNK 的表达量在 posterior 区域显著升高。H、I—JNK 信号途径对低表达 *jumu* 低表达翅原基死亡细胞的恢复实验。标尺为 50μm。

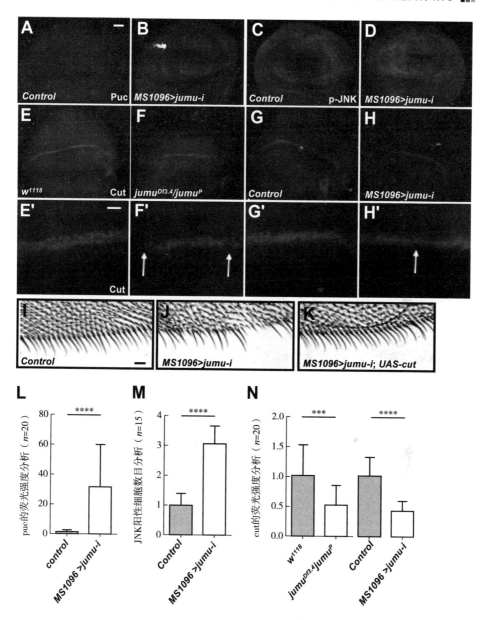

图 1-3-6 降低 jumu 引起 JNK 信号的激活和 Cut 的表达量降低

A、B—与对照相比 JNK 信号的靶基因表达量明显升高。C、D—JNK 信号的激活的标志因子 p-JNK 的免疫染色的结果说明 JNK 信号的过度激活。E~H—jumu 突变体的 Cut 染色结果显示其表达量显著降低。E'~H'—E~H 的图片放大后更加明显地观察到 Cut 在 D/V 边界的细胞缺失现象。I、J—敲低的 jumu 成虫果蝇翅膀边缘缺陷的表型。K—过表达 Cut 能够恢复 MS096>jumu RNAi 翅膀边缘缺失的表型。L、M—puc 的荧光强度和 p-JNK 阳性的细胞个数的定量分析结果。标尺 A~H 和 I~K 为 50μm，E'~H' 为 10μm。

3.2.5 JNK 信号的上位效应实验

jumu 突变体导致翅原基的细胞凋亡现象提示我们通过 JNK 信号元件遗传学杂交筛选的方法进一步研究 *MS*1096>*jumu* RNAi 中 JNK 信号发挥的作用。为了降低 JNK 信号的表达量，我们利用 JNK 信号的低表达突变体包括 *UAS-puc*、*bsk*^{DN}、*JNK* RNAi、*hep* RNAi、*dTRAF*1 RNAi、*dTRAF*2 RNAi 和 *dTAK*1 RNAi。以上品系果蝇与 *MS*1096>*jumu* RNAi 果蝇结合观察其后代成虫翅膀的表型。研究结果表明，降低 JNK 信号可以一定程度上恢复由于低表 jumu 导致的成虫翅脉 ACV 缺失和翅面积变小的现象（图 1-3-7A~H、M；百分数为 ACV 的缺失

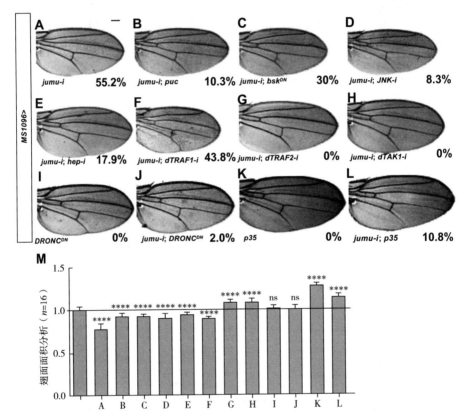

图 1-3-7 *jumu* 拮抗 JNK 信号，且其低表达介导 caspase 依赖的细胞死亡

A—低表达 *jumu* 引起 ACV 缺失，同时翅膀面积变小。B~H、J、L—通过抑制 JNK 信号或抑制凋亡信号可以抑制低表达 *jumu* 引起的翅膀的异常表型。G、H—*dTRAF*2-*i* 或 *dTAK*1-*i* 可以完全抑制 *MS*1096>*jumu* RNAi 翅膀的异常表型。J、L—caspase 依赖的凋亡信号中的 *DRONC* 低表达和 *p*35 的过表达可以显著恢复 ACV 缺失与翅膀面积的变小。I、K—翅膀中特异的过表达 *DRONC*^{DN} 和 *p*35 的成虫翅膀并无异常表型。M—A~L 成虫翅膀的面积的定量分析。自然光下的成虫翅膀的照相（百分数为 ACV 的缺失率）。标尺为 200μm。

率)。更重要的是 *dTRAF2* RNAi 和 *dTAK1* RNAi 突变体可以完全恢复 *MS1096>jumu* RNAi 成虫翅膀的 ACV 缺失表型（图 1-3-7G、H）。这一发现证明了 JNK 是低表达 *jumu* 引起的凋亡现象的必要条件。同时 *UAS-puc*、*bsk^{DN}*、*JNK* RNAi、*hep* RNAi、*dTRAF1* RNAi、*dTRAF2* RNAi 和 *dTAK1* RNAi 的果蝇与 *MS1096-Gal4* 杂交后代成虫翅膀表型正常（图 1-3-8）。而且我们同时敲低 *jumu* 和 *dTAK1* 的幼虫翅原基的死亡细胞也得到了恢复（图 1-3-5H、I）。我们利用 *DRONC* 的抑制型品系和 *p35* 的激活型品系与果蝇结合，结果表明抑制凋亡也可恢复 *jumu* 低表达引起的 ACV 缺失与成虫翅膀的面积变小（图 1-3-7I~M）。根据以上研究结果我们认为 *jumu* 的低表达可以激活 JNK 信号，并且 JNK 信号是 Jumu 低表达导致果蝇细胞凋亡的必要条件。

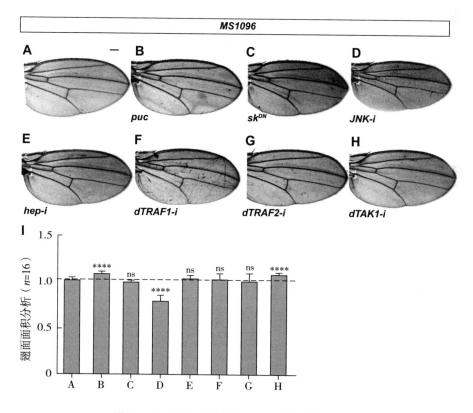

图 1-3-8　JNK 信号低表达成虫翅膀的表型分析

A—对照果蝇翅膀。B~H—*UAS-puc*、*bsk^{DN}*、*JNK* RNAi、*hep* RNAi、*dTRAF1* RNAi、*dTRAF2* RNAi 和 *dTAK1* RNAi 与 *MS1096-Gal4* 结合后成虫翅膀的表型基本正常。I—A~H 成虫翅膀面积的定量分析。自然光下的成虫翅膀为 JNK 信号低表达的后代。以上成虫翅膀均挑选自雌性后代，标尺为 200μm。

3.2.6 降低 *jumu* 翅原基 Wnt 信号的分析

与对照相比 *jumu* 突变体成虫翅膀边缘表现为缺失现象（图 1-3-1A~D′）。起初我们猜测这种翅膀缺失是由于凋亡引起的，然而我们发现降低凋亡信号或者敲低 JNK 信号都不能恢复翅膀边缘缺失的表型。同时我们并没有在 *MS1096>jumu* RNAi 蛹期翅膀边缘中检测到凋亡或者死亡细胞。这样的表型还可能与 Wg 信号的缺失表型相似，因此我们检测了三龄幼虫翅原基的 Wg 信号的靶基因的表达量。我们发现 Wg 信号短途的靶基因 *cut* 沿 D/V 界限的表达量下降（图 1-3-6E~H、N）。*jumu* 突变体翅原基放大倍数后明显观察到 *cut* 沿 D/V 的缺失现象（图 1-3-6E′~H′）。*en>jumu* RNAi 幼虫翅原基 *cut* 免疫染色的结果表明 posterior 区域的 *cut* 表达量明显下降（图 1-3-5F、G）。为了进一步证实 *cut* 在 *MS1096>jumu* RNAi 的突变体的翅发育中发挥重要作用，我们同时过表达 *cut*，结果显示由于低表达 *jumu* 引起的翅膀边缘缺失的现象得到了恢复（图 1-3-6I~K）。在野生型果蝇的翅原基中，Wg 的分布是由位于 D/V 的条状细胞带分泌，并向背腹两侧扩散（图 1-3-4I′、K′）。其中 *cut* 染色的细胞为 Wg 的分泌细胞，Wg 抗体染色标记的是 Wg 配体在细胞外的扩散情况。*jumu* 突变体 Wg 扩散宽度较对照明显变宽（图 1-3-4J′、L′）。因此，低表达 *jumu* 改变了分泌细胞释放 Wg 的方式。这种改变明显地增加游离的 Wg 以致影响其浓度梯度的建立。最近的报道显示心脏前体的发育中，Jumu 通过调节 Fz 受体以调控 Wnt 信号。总之 Jumu 通过 Wnt 信号途径正调控 *cut* 的表达量以调节果蝇翅膀边缘的发育。

3.2.7 *jumu* 突变体多刚毛表型分析

最近的研究表明在形态发生与凋亡活动中，Rho 家族 GTP 酶包括 RhoA、Rac 和 Cdc42 通过介导 JNK 信号以发挥着重要调节作用。同时 Rho1 是果蝇的 RhoA 的同源物通过激活 JNK 信号引起细胞凋亡活动。Rho1 在翅膀的平面极性中起到重要的作用，以至于过表达 Rho1 可引起成虫翅膀表现出多刚毛的表型。前面我们已经发现低表达 *jumu* 会引起成虫翅膀产生多刚毛的表型（图 1-3-1B″~D″）。这一表型与翅膀的平面极性相关，已知的组织极性相关的基因的突体会导致多刚毛的形成。文章中采用

phalloidin 染色刚毛发育中期的 F-actin，随着时间的增加，多簇 F-actin 会聚合成一束即刚毛（图 1-3-9A）。为了进一步检验 Jumu 可以调节果蝇刚毛的形成，我们选择 32h APF 的翅膀进行 F-actin 的染色，此时对照的 F-actin 已经完成聚合，即一个翅面细胞仅包含一个 F-actin 束，然而低表达 *jumu* 的翅面细胞中存在着多个 F-actin 的纤维束（图 1-3-9B）。同样地，在 *en>jumu* RNAi 突变体中的 posterior 区域的多个 F-actin 纤维束的表型比 *MS1096>jumu* RNAi 更加显著（图 1-3-9C、D、F、H）。我们还发现，原本利用 DE-cad 标记细胞轮廓，但是其表达量也由于 *jumu* 的敲低而降低（图 1-3-9A′、B′）。钙黏素是形成黏着连接的核心元件，并且是其标志因子。在 *jumu* 低表达的组织中有一些细胞没有钙黏素的染色，有一些钙黏素染色出现了缺口（图 1-3-9B）。在 *en>jumu* RNAi 的突变体中同样表现出 DE-cadherin 的缺口现象（图 1-3-9C′、G、I）。以上结果说明 Jumu 在维持表皮细胞结构与黏着连接中发挥着关键作用。

基于我们以上得到的实验结果，我们认为 *jumu* 参与调节翅膀的平面细胞极性，并且发现 *jumu* 具有多种翅发育的功能。根据已知报道在蛹期翅膀中 Rho1 异常表达会导致与 *jumu* 低表达相似的表型，且 Rho1 的突变体中 DE-cadherin 的表达量也降低。因此我们推测 *jumu* 可能通过 Rho1 调节蛹期刚毛的发育。我们在敲低 *jumu* 的蛹期翅膀中检测 Rho1 的表达量，虽然 Rho1 表达在细胞质中，但由于具有细胞膜的选择性，Rho1 会靠近细胞膜分布，因此在组织免疫染色中看起来像是在细胞膜定位的。其结果表明低表达 *jumu* 会引起 Rho1 的表达量降低（图 1-3-9A″~C″）。这些实验结果表明 Jumu 通过调节 Rho1 调节果蝇翅膀的平面细胞极性。

3.2.8　*Rho*1 过表达的恢复实验

为了进一步说明在 *MS1096>jumu* RNAi 和 *en>jumu* RNAi 突变体中 Rho1 对翅膀平面细胞极性的影响，我们利用过表达 Rho1 果蝇品系做了恢复实验。在敲低 *jumu* 的果蝇中过表达 Rho1 的翅面区域的多刚毛的个数明显减少（图 1-3-10A~I，A′~H′）。然而 Rho1 的过度激活并没有恢复翅膀的面积与 ACV 的缺失率（图 1-3-10D~H）。同时，在敲低 *jumu* 幼虫期翅原基的 Rho1 表达量没有变化，因此说明 *jumu* 对 Rho1 的影响是从蛹期开始的。总而言之，在蛹期翅膀的细胞中降低 *jumu* 的表达量可以降

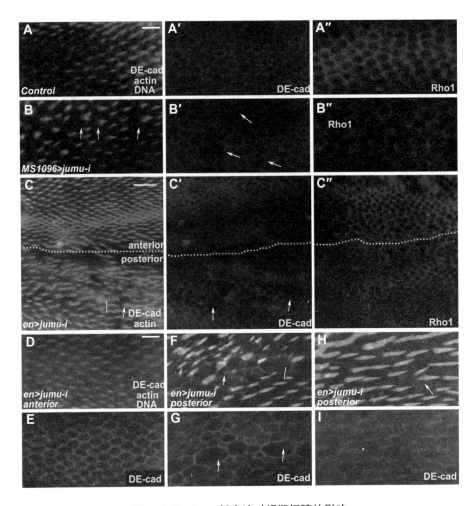

图1-3-9　*jumu*低表达对蛹期翅膀的影响

A、A'、D、E—蛹期32h的F-actin（绿色）和DE-caderin（红色）的免疫染色展示刚毛与脉间区细胞的轮廓。B'、C'、G、I—敲低jumu的蛹期翅膀细胞面积增加，这些变大的细胞通常会存在多个刚毛，且DE-cadherin的表达量明显下降。A"~C"—与对照相比jumu低表达引起Rho1的表达量降低。A~B"与D~I的标尺为20μm，C~C"的标尺为50μm。

低Rho1的表达，降低的Rho1不足以使F-actin纤维簇聚合成一束，从而形成多刚毛的表型。Rho1在*jumu*突变体的刚毛形成中发挥重要作用，且该作用与JNK信号无关。Jumu对于刚毛的纤维束的聚合起到正调控的作用。

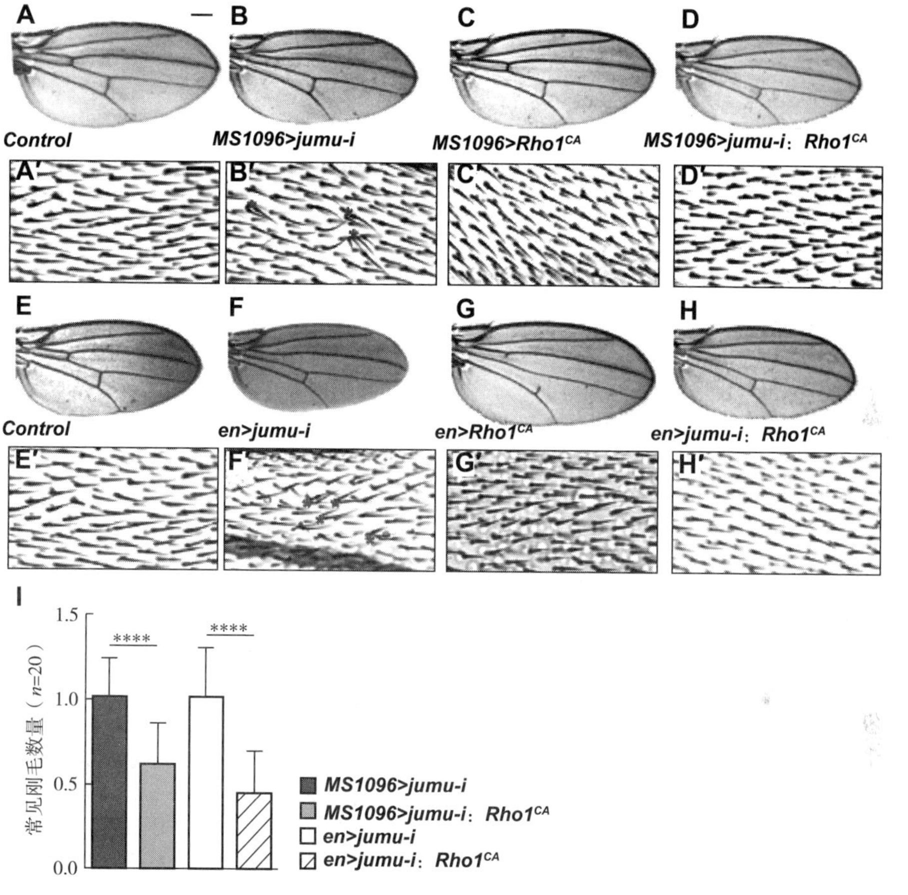

图 1-3-10　过表达 *Rho*1 恢复实验

A~A′、E~E′—对照果蝇的基因型为 *MS*1096>+或 *en*>+。B~B′、F~F′—*MS*1096>*jumu* RNAi 或 *en*>*jumu* RNAi 成虫翅膀产生多刚毛现象。C~C′、G~G′—*MS*1096>*Rho*1^{CA} 和 *en*>*Rho*1^{CA} 过表达 Rho1 成虫翅膀。D~D′、H~H′—*MS*1096>*jumu* RNAi；*Rho*1^{CA}，*en*>*jumu* RNAi；*Rho*1^{CA} 成虫翅膀的多刚毛现象得到缓解。I—存在多刚毛现象的细胞个数的定量分析。A~H 标尺为 200μm，A′~H′的标尺为 20μm。

3.3 讨论

本研究中，我们利用双拷贝 *jumu* 突变体以及 RNAi 干扰的果蝇降低 *jumu* 在翅膀中的表达量。我们证明了 Jumu 对果蝇翅膀面积和 ACV 的形成、翅膀边缘与刚毛的发育的影响。Jumu 的表达量降低使成虫翅膀的面积变小，*jumu* 突变体翅原基的翅面区域展现出自主凋亡现象，该区域也是 Jumu 蛋白在翅原基中的定位。首先，我们在 *jumu* 突变体中检测到了凋亡细胞和细胞增殖活动加强，而且 Wg 成形素的分泌也变得更加旺盛。*jumu* 低表达突变体的成虫翅膀的 ACV 缺失，且翅原基中 JNK 信号的靶基因显著上调。这些结果说明 Jumu 与 JNK 信号存在着某种关系从而调节翅发育。其次，Jumu 表达降低导致翅膀边缘的缺失，这种表型与 Wnt 信号的下调相关。最后，蛹期时 Jumu 定位于脉间区细胞，我们发现其通过对 Rho1 调控从而促进 action 蛋白纤维丝的聚合形成一个纤维束的刚毛表型。这些研究结果表明 *jumu* 在翅发育中发挥着多种调节功能。

在翅面区域敲低 *jumu* 引起成虫翅膀面积变小。在组织发育中存在很多因素参与到组织生长，翅膀的面积取决于其在幼虫期的发育情况。正如我们所熟知的细胞凋亡与细胞增殖情况均可以通过不同的方式调节翅原基的生长。翅原基的形态与面积都是不同的，这就预示着调控作用在其形态发生之前就开始了，其中 Dpp 与 Wg 信号即可指导幼虫时期的翅发育。在幼虫翅原基中 Dpp 成形素在 A/P 界限表达并建立了浓度梯度指导翅膀的发育。长久以来的研究认为 Dpp 信号是专为促进生长与增殖服务的。当幼虫期过表达或过度激活 Dpp 信号会导致过度生长或使成虫翅膀变大。敲低 Dpp 信号导致翅原基的面积变小，从而成虫翅膀也变小。Wg 成形素由分布与 D/V 边界的 2~3 细胞宽度并在其两侧形成浓度梯度调节翅膀的发育。根据已知报道 Wg 信号降低会引起翅膀面积变小，且翅膀边缘缺失的表型。我们在 *jumu* 突变体中检测到了过度增殖的细胞与 Wg 表达量的升高，这就意味着 Jumu 负调控 Dpp 或者 Wg 信号以抑制翅原基中的细胞过度增殖。然而，在敲低 *jumu* 的翅原基中检测到的 Dpp 的表达量并无变化（图 1-3-11 O、P）。通常涉及 Wg 信号引起的代偿性增殖一般由凋亡活动引起，即在凋亡细胞中 Wg 信号明显升高以促进细胞的有丝分裂。基于这些的信息，我们检测了 *jumu* 突变体翅原基中的凋亡现象，TUNEL 实验显示了大量的阳性细胞，同时 Wg 信号的明显升高。另外 *jumu* 敲低的蛹期翅膀的细胞面积显著增加（图1-3-9E、G、I），即 *jumu* 突变体翅膀面积变小与细胞大小无关。这些实验结果充分说明了 Jumu 下调引起的翅膀面积变小仅与细胞数量相关。JNK 信号能够引起细胞凋亡活动，同时凋亡细胞会分泌大量的成形素，包括 Wg、Dpp 或 Spi，这些成形素用于维持组织的完整性。此外，我们在 *jumu* 低表达的翅原基中检测到的 JNK 信号的标志因子 Puc 和 p-JNK 的表达量显著增加。以上研究结果说明 Jumu 抑制 JNK 信号激活引起的细胞凋亡活动。

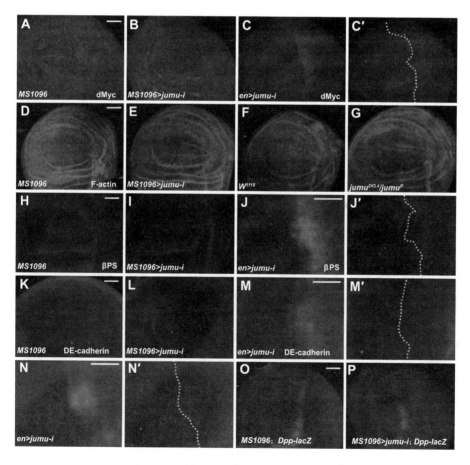

图 1-3-11 *jumu* 低表达引起的细胞凋亡现象的其他相关因素的分析

A~N'—低表达 *jumu* 引起细胞凋亡现象与 dMyc、F-actin、βPS、DE-cadherin 和 Rho1 无关。O、P—*jumu* 突变体凋亡的代偿性增殖与 Dpp 信号无关。标尺为 50μm。

器官的大小与形状的确立由很多因素综合决定。近来一些报道说明 Myc 在器官发育中可促进细胞生长、细胞增殖以及凋亡。低表达 dMyc 可导致翅膀面积变小和推迟翅膀的形态建立。我们最近还发现 Jumu 可以通过调控 dMyc 的表达量以调节淋巴腺的细胞增殖。本研究中我们也调查了 dMyc 在 *jumu* 突变体翅原基中的表达量，免疫染色的结果显示 dMyc 的表达量并无变化（图 1-3-11A～C′），因此 *jumu* 缺失引起的翅膀面积变小与 dMyc 无关。

研究表明 Rho GTP 酶家族的成员可以调控 actin 蛋白的聚合并且在内质网装配核心复合体以应答胞外信号。一些报道阐明 Rho1 是以一种特殊且独一无二的方式引起 JNK 信号激活并引起凋亡活动从而促进细胞增殖。近来的报道认为 Rho1 的表达量降低激活 JNK 信号并且过表达 Rho1 可引起翅原基的细胞凋亡。另外，极性复合体 Cdc42/Par6/aPKC 被破坏后将导致 Rho1 激活 JNK 方式的生长。

通常情况下 Rho1 在幼虫时期引起的细胞凋亡会影响到细胞的附着性。研究表明 Rho1 异常表达可以影响 F-actin 的分布。幼虫期翅原基 Rho1 低表达会下调 DE-cadherin，同时 F-actin 的定位异常。我们分析了幼虫翅原基的 Rho1 的表达量，与对照相比低表达 *jumu* 并没有对其表达量产生影响（图 1-3-11N、N′）。因此说明 *jumu* 突变体中的凋亡现象与 Rho1 无关。此外，我们还分析了 *jumu* 突变体中 F-actin、βPS 和 DE-cadherin 的表达量，染色结果与对照相比并无改变（图 1-3-11D～M′）。总之，实验结果表明由 *jumu* 低表达引起 Rho1 对翅发育仅发生在蛹期阶段。由于 *jumu* 编码转录因子蛋白质，当分泌细胞接收胞外信号可引起该基因的转录与表达，因此可能调节该基因的信号途径与其参与的信号途径存在多种可能，那么这几种信号由一种基因引起的多信号效果是否彼此之间存在着某种联系还需要进一步研究。

3.4 小结

本研究以 *jumu* 低表达突变体和 RNAi 转基因果蝇为材料，通过对翅发育的幼虫期、蛹期和成虫期 3 个不同时期调查 *jumu* 基因的作用。我们发现 *jumu* 能从多个方面影响翅膀的形态发生，研究结果如下：

（1） Jumu 在翅原基中定位以翅膀边缘区域并向 D/V 翅面方向扩散，蛹期则定位于脉间区细胞。

（2） *jumu* 缺失导致成虫翅膀的面积变小、ACV 缺失、翅膀边缘缺陷与多刚毛现象。

（3） *jumu* 的缺失引起翅原基的细胞死亡，并引起有丝分裂的过度激活。

（4） *jumu* 低表达引起 JNK 信息标志因子 *puc* 和 p-JNK 的表达量显著升高。

（5） JNK 信号是 *jumu* 低表达引起凋亡活动的必要条件。

（6） Jumu 通过对 *cut* 的正调控以促进对 Wnt 信号应答，因此过表达 *cut* 可恢复翅膀边缘缺失的表型。

（7） Jumu 通过对 Rho1 的正调控以抑制蛹期翅膀细胞产生多刚毛现象。

（8） *jumu* 低表达导致 Rho1 的下调仅发生在蛹期，因此 Rho1 与幼虫期翅原基的细胞凋亡无关。

3.5 结论

本研究以果蝇的翅膀为研究对象，通过探索 Anchor 与 Jumu 在翅发育中的作用与功能，得到以下结论：

（1） 由于果蝇的完全变态发育，果蝇的翅膀需要经历幼虫期的翅原基与蛹期翅膀最终形成成虫翅膀。因此涉及果蝇翅发育的相关基因的作用具有多样性的特点。

（2） 基因编码的蛋白质的属性决定了其发挥作用的空间性。Anchor 为跨膜蛋白，这决定了其固定在细胞膜上并发挥着沟通细胞内外的媒介作用；Jumu 为转录因子可与 DNA 结合，此过程发生在细胞核。

（3） 翅膀面积影响因素一般包括细胞个数和细胞个体面积。*anchor* 低表达引起细胞过度增殖而引起成虫翅膀面积增加而对细胞面积没有影响；*jumu* 低表达引起的细胞死亡而导致成虫翅膀面积变小。

（4） 成形素 Dpp 和 Wg 在翅原基的细胞增殖中均起到重要作用。

anchor 基因低表导致翅原基中 Dpp 以及其靶基因的上调均说明其通过 BMP 信号调控翅原基的面积；*jumu* 低表达是通过激活 JNK 信号的过度激活引起的细胞凋亡，并通过 Wg 的分泌促进细胞的代偿性增殖以维持翅膀形态的完整性。

（5）果蝇翅膀的发育中除了细胞增殖还有细胞分化，异常的细胞分化会导致成虫翅脉异常或者其附属物的异常等。*anchor* 低表达引起翅脉异常现象；低表达 *jumu* 引起翅膀边缘缺失和多刚毛现象。

（6）果蝇翅膀细胞的分化影响可以分割为幼虫期和蛹期。*anchor* 基因在蛹期低表达才会引起翅脉的异常；*jumu* 依赖 Rho1 低表达引起的多刚毛现象仅发生在蛹期。

在果蝇的翅发育过程中存在着多样且复杂的调控机制（图 1-3-12），本文通过对果蝇翅膀幼虫时期翅原基细胞的增殖与凋亡分析，阐述成虫翅膀面积变化的成因；从翅原基细胞的分化分析，阐述了果蝇翅脉定位的关键所在；从蛹期翅膀细胞的高度分化的形态分析，阐述了果蝇翅膀附属物刚毛的确立过程。总之，果蝇翅发育的过程需要多种信号途径的参与共同协调完成，这就更需要我们更加深入地探索与研究才能获得解开生物进化发育秘密的钥匙。

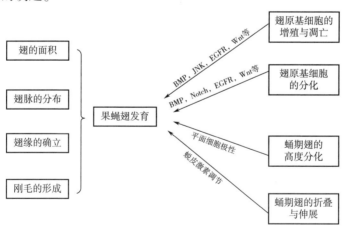

图 1-3-12　翅发育机制的网络图

第2章

果蝇的天然免疫研究

1 绪论

1.1 黑腹果蝇研究进展

一百多年以前，黑腹果蝇（*Drosophila melanogaster*）就已经成为生物学家们备受青睐的模式生物，随着科学家对果蝇遗传方面的深入研究积累了大量经验，从而发明了多种新技术，如基于表达模式的筛选基因增强子陷阱技术、利用转座子元件以大规模插入诱变、双组分控制异位基因表达系统、嵌合体分析技术、果蝇的基因定点敲除技术等。2000年果蝇的全基因组测序基本完成，其基因组全长为165Mb，能编码蛋白质的基因为13600种，一半左右的基因所编码的蛋白质与哺乳动物具有序列同源性。该同源性已经超越了另一种同源性为36%的常用模式生物线虫。在人类疾病基因中，果蝇具有超过60%的直系同源物，其中有关同源物在神经疾病、肿瘤、代谢异常以及畸形综合征等方面的可能性会更大。因此果蝇同样作为人类疾病发病机制研究的模型。

作为经典的遗传学研究模式生物的果蝇，自20世纪70年代以来，被广泛地应用于发育生物学的研究中，包括胚胎的发育和器官的形成，如翅膀、眼睛、腿、大脑以及心脏等器官。另外，果蝇在神经生物学研究方面也做出了巨大贡献，主要通过研究神经系统的发育、活动以及行为机制。由此我们对于信号传导、神经元变性、行为神经控制血管形成、细胞与组织极性、干细胞的决定与维持、天然免疫反应、器官发生和生长控制等过程的遗传和细胞机制有了更多了解。在利用果蝇模型研究的人类疾病中，目前研究神经退行性疾病是研究热点之一，其中包括多聚谷氨酰胺病（polyglutamin disease，polyQ disease）、帕金森病（Parkinson disease，PD）、脆性X综合征（fragile X syndrome）和阿尔茨海默病（Alzheimer disease）等。

早在1908年时，天才遗传学家摩尔根把果蝇带上了遗传学研究的历史舞台，此后的30年果蝇成为经典遗传学的主角，时至今日，果蝇已成为一种广泛应用的模式生物，在生命科学的各个领域更占有举足轻重的地位。总之，渺小的果蝇为人类的科学研究事业做出了巨大而卓越的贡献。

1.2 果蝇的天然免疫

黑腹果蝇没有类似高等哺乳类动物的 B 细胞和 T 细胞，因此不具备特异性免疫。但当机体受到外界微生物感染时，仍能做出迅速有效的防御，这表明果蝇具有能抵御外界微生物入侵的天然免疫系统。在生物学众多的分支中，科学家们对抵抗感染以及免疫方面一直深切关注。一方面，恶性的传染疾病会给人类带来沉重的代价，因此激励着科学家寻找抵抗疾病的药物和治疗方法。另一方面，科学家发现多细胞生物可以通过自身的免疫系统识别，并且抵御诸多外界病原体感染。这就进一步促成了科学家探索病原体感染和微生物宿主防御之间的分子生物学和细胞学机制。至此，以黑腹果蝇作为宿主被科学家们广泛地应用于天然免疫研究中。

果蝇的天然免疫系统主要包括 3 个方面：体液免疫、细胞免疫和黑化反应。

1.2.1 体液免疫

当机体被微生物感染时，由脂肪体分泌抗菌肽，通过体液循环发挥抵御作用。目前研究发现果蝇脂肪体能合成的抗菌肽，共有 7 种，分别是：*drosomycins*、*cecropins*、*drosocin*、*diptericins*、*attacins*、*metchnikowin* 和 *defensins*。随着科学家对抗菌肽产生的信号通路的深入研究，表明果蝇主要是通过 Toll 通路和 Imd 通路对抗菌肽基因进行调控。研究显示，当缺失以上两种通路时，除导致抗菌肽无法正常分泌外，果蝇更容易受到外界微生物的感染，其中甚至包括一些非致病性的微生物。

Toll 通路主要对革兰氏阳性菌和真菌引起的感染产生应答。革兰氏阳性菌的细胞壁中含有赖氨酸（Lys）型肽聚糖，该种肽聚糖可被上游的模式识别受体 PGRP-SA、PGRP-SD 和 GNBP-1（革兰氏阴性菌结合蛋白-1）识别，从而激活 Toll 通路。真菌对该通路的激活主要通过两种途径的共同作用：一是通过 GNBP 家族的 GNBP-3 识别真菌细胞壁中的 β-1,3-葡聚糖后再经由 SPE（神经生长因子同源物 Spz 激酶）激活；二是直接由真菌分泌的 PRI（真菌毒性因子）激活 PSH（丝氨酸蛋白激酶）。研究表明 Toll 通路元件中包括 MyD88、Pelle、Cactus、DIF 和 Dorsal 等。这些元件是哺乳动物中参与 Toll-like 受体、白细胞介素-1 受体和肿瘤坏死因子受体信号转导的 MyD88、IRAK、IκB 和 NF-κB 的同源物。因此果蝇及哺乳动物都是通过这些进化保守的通路进行天然免疫的调控。

通常情况下，革兰氏阴性菌会引起 Imd 通路的激活。革兰氏阴性菌细胞壁上含有一种特殊的氨基酸——二氨基庚二酸（DAP），是肽聚糖四肽尾的组成部分，能被上游模式识别受体 LC（PGRP-LC）和 LE 特异性识别。识别后将引起 Imd 蛋白的一系列级联反应，其中 Imd 蛋白含有的致死结构域编码的蛋白与哺乳动物肿瘤坏死因子蛋白 RIP 具有很高的同源性。参与 Imd 通路级联反应的下游蛋白包括 Imd、Dredd、dFADD、dTakl 和 IKK。这些调节蛋白募集到 NF-κB 相关的转录因子 Relish，诱导 Relish 激活，并释放出带有活性的 N 端，同时与其他蛋白相互作用从而调节抗菌肽基因 *Diptericin* 和 *AttacinA* 的表达。

Toll 通路和 Imd 通路的信号调节分子都是特异性的，而且一些抗菌肽会优先应答这两条通路之一。因此在果蝇的天然免疫中，这两条通路发挥着其特殊且独立的作用。同时大量的研究表明即使 Toll 通路和 Imd 通路在天然免疫应答的广度上有差别，两个通路的抗菌肽基因双变体仍然大大增加了被微生物感染的概率。

1.2.2 细胞免疫

果蝇的血细胞有 3 种类型，分别为浆细胞、薄层细胞和晶细胞。果蝇的造血作用在发育中分为两个阶段。第一阶段，造血作用首先发生在胚胎发生时，即起源于头前部的中胚层的大量细胞迁移扩增到整个胚体。这些细胞就是浆细胞，或者成为胚胎巨噬细胞。第二阶段，位于原肠胚前段附近的大量细胞的分化。这些细胞被称作晶细胞，然而该细胞在胚胎时期的作用尚未确定。胚胎发生的后期，在中胚层中侧部形成淋巴腺的前体迁移至背部。淋巴腺是幼虫造血作用的主要场所。淋巴腺由不定数量的成对的淋巴叶片组成，它们沿着背部导管分布。在后端的淋巴腺叶片包含大部分的未分化的前体细胞，即前体血细胞，然而前端的叶片中则包含着大量的完全分化的血细胞。

幼虫的血细胞主要是由浆细胞构成，浆细胞具有专一的吞噬作用，并且由胚胎血细胞衍生而来。其次是占血细胞总量少于5%的晶细胞组成。晶细胞具有结晶状的包涵体，并且引起黑化反应。最后就是薄层细胞，然而这种细胞只存在于幼虫时期。当外界病原体感染机体时，淋巴腺将分化大量的薄层细胞，用于吞噬和包围那些较大的不能被浆细胞所吞噬的异物。这是由于果蝇幼虫时期一般都会存在寄生于其体内的病原微生物，因此果蝇细胞为了抵御寄生虫，所以在不同的时期就产生了不同的血细胞。在成虫果蝇时期，仅存在浆细胞，而且造血器官不再分化血细胞。研究表明成虫的血细胞的组成，仅为胚胎时期以及幼虫末期淋巴腺分化而来的。

我们发现了胚胎和幼虫时期调节血细胞的增殖和分化的调节因子，这些突破都得益于大量的突变体的分析。通过对幼虫时期的血细胞增殖的研究，发现果蝇特异性的血小板因子（PDGF）/血管内皮因子（VEGF）受体（PVR）以及PDGF/VEGF 2（PVF2）均参与果蝇血细胞的增殖。此外Ras也参与其中，其功能为介导Raf/MAPK（mitogen-activated protein kinase）通路。目前，并未证实由PVF2/PVR产生的增殖信号经由Ras/Raf/MAPK通路进行传递。研究表明JNK/STAT通路以及Toll通路都参与血细胞数量的调控。

1.2.3 黑化反应

节肢动物体液黑化反应产生的天然的黑色素是由酪氨酸转变成黑色素的结果。丝氨酸蛋白酶原的级联反应（prophenoloxidase），最终使proPO酶原激活，从而释放PO（phenoloxidase，酚氧化酶）。酪氨酸氧化酶催化活化的PO，从而使苯酚生成苯醌。由于该过程中产生的苯醌类物质具有细胞毒性，因此这一过程也可使病原体清除。目前仍存在一些果蝇蛋白水解的级联反应未被阐明。然而，已被发现的丝氨酸蛋白酶抑制剂-27A是经过末端丝氨酸蛋白酶加工的proPO特异的抑制作用后，从而使其在损伤或感染部位抑制酚氧化酶的活性。黑化作用包括体液和细胞两方面的作用。果蝇基因组中3个基因共同编码了proPO，幼虫时其中两个基因特异性的表达在晶细胞中。晶细胞极易破裂，从而使其内含物释放到血淋巴中，进而使酶原激活。晶细胞的功能就是一个贮存了大量的结晶的proPO的仓库。

1.3 Notch 信号转导通路对天然免疫的影响

在免疫系统发育中，Notch 是其关键分子之一。在多细胞生物的造血过程中，它起到调控细胞命运的决定性作用，同时该过程还伴随细胞型特异的转录。Notch 受体最早发现于果蝇，它的突变影响果蝇翅、眼、刚毛的形成，并造成神经系统发育障碍。在黑腹果蝇中，当 Delta 或者 Serrate 结合在相邻细胞的 Notch 受体时，从而导致 Notch 的开裂以及 Notch 细胞内结构域（Notch intracellular domain，NICD）转移到细胞核内。在细胞核中，NICD 与转录抑制因子 RBP-Jk／Su（H）结合，并且募集共活化物成为转录激活因子，从而激活下游的 *HES／E*（*spl*）等基因。当 Notch 信号未被激活时，大多数 Notch 的靶基因被无刚毛蛋白或者遏制蛋白复合体完全抑制。在哺乳动物中，尚无已确定的无刚毛基因的同源物，但是 MINT（与 Msx-2 相互作用的细胞核靶基因）被证实作为无刚毛蛋白的阻遏物。无论在果蝇还是在哺乳动物中，Notch 的靶基因的激活将导致与无刚毛基因或 MINT 染色质的抑制状态向激活方向的转变。因此，正如无刚毛基因和 MINT 基因一样作为转录的共调节者，它在 Notch 信号中起到十分关键的作用，并且它对靶基因的染色质状态影响应该是决定细胞命运的关键。此外，研究表明 Notch 调节果蝇晶细胞和薄层细胞的增殖，不影响浆细胞的分化。

1.4 *E*（*spl*）基因的研究进展

E（*spl*）基因（the Enhancer of split genes）是 Notch 途径下游重要的基因，E（spl）蛋白的累积依赖于 Notch 信号途径的激活，而且在神经发生过程中该蛋白影响 Notch 途径的活化形式。*E*（*spl*）是一个复杂的基因座位，其中包含 7 个基因（*m*8、*m*7、*m*5、*m*3、*mβ*、*mγ* 和 *mδ*），可编码 bHLH（basic-helix-loop-helix）蛋白。bHLH 作用于活化神经中枢系统发育的基因。经过详细的遗传学分析编码 bHLH 的 7 个基因，表明这几种基因表达的蛋白在功能

上表现出相似性。此外，在研究过程中并未发现致死的突变体，即该7种基因并不存在某一个基因具有特异的bHLH功能性。

$E(spl)$ m8基因的表达调节依靠 $Su(H)$（Suppressor of Hairless）。Su（H）是一种DNA结合蛋白，当Notch途径中的Delta配体被活化后该蛋白就从细胞质中转移至细胞核。$E(spl)$ m8基因上游包含Su（H）蛋白的结合位点，该位点缺失的突变体表现为通过Notch途径转录调节的活化力降低，并且阻碍了Su（H）蛋白与目的基因的结合。因此Notch途径与Delta配体的相互作用取决于Su（H）蛋白的活化以及 $E(spl)$ m8基因的表达量。该种E（spl）蛋白以及其他 $E(spl)$ 基因编码的蛋白均为Notch信号的细胞核效应器，用以调节下游靶基因的转录。E（spl）bHLH蛋白在转录方面的影响还包括该蛋白与相邻基因 $groucho(gro)$。Gro的序列与酵母菌协阻抑物TUP1相似，因此表明这种Gro与E（spl）bHLH的蛋白复合体抑制了靶基因的转录。然而，尽管在某些生物学过程中Notch的激活是在转录水平上抑制了下游的特异性基因，如神经发生过程中 $achaete$ 和 $scute$ 的表达。Notch在另一些生物过程中也发挥着激活转录的功能，如果蝇翅发育中 $wingless$、cut 和 $vestigial$ 的表达。迄今的研究尚未揭示具体是哪一种E（spl）蛋白介导Notch途径中的不同的转录应答。

目前，对 $E(spl)$ 以及 $Su(H)$ 两种基因的研究仅限于发育方面，关于以上两种基因在天然免疫中的作用未见报道，因此有待进一步研究。

1.5 *CG7510* 基因的介绍

CG7510 基因编码一个包含有949个氨基酸的跨膜蛋白，该蛋白包含跨膜结构域和一个由83个氨基酸所组成的DEP结构域。DEP结构域在Disheveled（果蝇）、Pleckstrin（哺乳动物）和EGL-10（线虫）3种蛋白中首次被发现。Disheveled的DEP结构域能介导膜定位并能激活JNK信号途径。*CG7510* 的同源基因是哺乳动物的G蛋白偶联受体155，它们的氨基酸序列相似性可达到40%以上。GPCR155（CG7510）是一种孤儿G蛋白偶联受体，其内源性配基及功能尚未被确定。

G蛋白偶联受体（G protein-coupled receptor，GPCRs）是最大的跨膜

受体蛋白家族的成员之一，结构特点为 7 次 α 螺旋（TM1→TM7）跨膜结构域，此外该种肽链还包含有 N 末端、C 末端、3~4 个胞内环（ICL1→ICL4）和 3 个胞外环（ECL1→ECL3）。实验研究表明，G 蛋白偶联受体在机体中参与众多的生理过程，其中包括感光、嗅觉、行为情绪调节、免疫系统调节、自助神经系统调节、细胞密度调节、维持稳态等。因此 GPCRs 超家族可还分为类视紫红质家族、类分泌素家族、真菌信息素家族、促代谢型谷氨酸家族和 cAMP 受体家族等。

由于 G 蛋白偶联受体具有多样性，其主要用于调节细胞间的相互作用。他们通过大量天然配基的激活从而发挥他们的作用。然而每个 GPCR 的配基识别机制都体现出了高度的选择性。一般情况下，这种配基都会展现出药理学受体特点，在 20 世纪 80 年代末期时，通过同源性的分子鉴定的方法，首先确定了一部分同源性相近的 GPCRs。然而，还存在相当一部分 GPCRs 仍然没有确定它们的内源性配基，因此它们被称作孤儿 GPCRs。通过对孤儿 GPCRs 的研究后，从而产生了应用孤儿 GPCRs 作为靶点确定其配基方法的反向药理学。反向药理学，即从生物分子目标出发寻找内源性活性配基，从分子结构相互作用进行药物的分子机制研究过程。反向药理学的应用可以成功地确定孤儿 GPCRs 内源性配基，因此这一过程又称为"去孤儿化"。"去孤儿化"的应用进一步深化了我们对有机体基本功能的理解。"去孤儿化"使 GPCRs 系统作用部位有机会与其合成位点进行相结合研究，进而使人们对系统定位获得更全面的了解。这些内源性的配基一旦被确定就使之成为用于药物筛选的靶点。因此致力于寻找孤儿 GPCRs 内源性的配基成为某些疾病机制研究的新突破，并且成为研制该疾病特效药的新途径。

1.6　P 因子系统

1.6.1　P 因子简介

在不到一百年的时间内，P 因子家族从在果蝇中的应用迅速扩展到了更多其他生物中。起初我们从一种 P 菌株发现了该因子，即雄性 P 菌株与雌性M菌株的杂交后引起的杂种不育。从此，P因子就广泛地作为研究果蝇基因功能的工具。广义上，P因子可以分为两类：一类为自主型因子，该因子可以编码所需的转座酶，从而促使发生转座功能；另一类为非自主因子，该因子需要外界的转座酶才可移动。非自主因子一般来源于内部缺失后产生的天然突变体或者实验环境下人工制造突变体中。

野生型的自主P因子基因全长2.9 kb，包含有4个外显子转座酶基因以及反向重复序列。为了使目的基因发生转座，所有的P因子都包含有31个完整的末端反向重复碱基对以及11个亚末端反向重复序列，这些重复序列就是转座酶活化的位点。P因子的转座是生殖细胞保守的，因为在体细胞中发生转座酶转录切除第2外显子与第3外显子之间的内含子这个过程时，会受到其剪切阻遏蛋白的抑制。

1.6.2 P因子在果蝇中的应用

P因子在转基因技术的首次应用，得益于Rubin和Spradling两位科学家成功地将含有rosy基因的P因子注射到果蝇的受精卵中，从而使野生型的果蝇恢复成rosy突变体果蝇。自此，P因子系统被广泛地用以基因标记、基因沉默、染色体工程和基因诱导表达。除此之外，P因子系统还利用lacZ基因作为报告基因，作为一种增强子陷阱技术而广泛地应用。具有报告功能的P因子可随机插入果蝇的染色体中，通过lacZ和βGal作用模式显示其附近基因的表达情况。因此该技术的应用对特异组织及特定发育时期所表达的基因的鉴定起到重要作用。

1.7　果蝇模型在食品添加剂安全性检测中的应用

近年来我国的经济水平稳步上升，人民生活水平大大提高，人们对食品安全性的关注度也日渐提高，尤其是食品添加剂成为其中的热点问题。食品添加剂科学合理地使用，是食品工业不可或缺的，对食品工业的发展起到了促进作用，在现代食品工业中占据着核心的地位，但是违法使用则会带来很多危害。近年频发的食品安全事件，如双汇的"瘦肉精"事件、苏丹红事件和三聚氰胺事件等，让民众对食品添加剂谈虎色变。然而上述物质并非食品添加剂,是一些商家非法加入食品中的工业原料。在《中华人民共和国食品安全法》中明确指出:食品添加剂是为改善食品品质和色、香、味、防腐保鲜以及加工工艺的需要而添加到食品中的人工合成或天然提取物,并需严格按照国家法律法规使用添加剂。最常用的食品添加剂有防腐剂、抗氧化剂、膨松剂、甜味剂、着色剂等几类。为了防止添加过量导致的食品安全问题,国家对食品添加剂的使用品种和用量有了明确的规范。如适量的苯甲酸是比较安全的一种食品添加剂,主要用于水产品的防腐保鲜,在海带、干制品中经常使用,在冰鲜产品中也有应用的报道。少量的苯甲酸及钠盐进入人体后大部分在 9~15h 内与甘氨酸或葡萄糖结合后排出体外。因此按照标准使用时,对人体无毒害作用。但其代谢过程发生在肝脏内,因而肝功能不健全的人不宜使用。人体短时过量摄入苯甲酸会引起腹泻、心跳加快等症状。大剂量长期食用苯甲酸会导致骨骼生长抑制,产生肝、肾的损伤等不良反应。因此,欧盟及日本等国家和地区严格限制苯甲酸在儿童食品中的使用。研究表明通过喂食果蝇不同浓度的苯甲酸可对果蝇的产卵与幼虫生长起到抑制作用,同时成虫的体重也随苯甲酸的浓度增加而下降。另外,苯甲酸钠还可引起小鼠的精子畸形从而引起小鼠的繁殖能力降低。

随着生活水平的提高人们的体重也显著增加而导致肥胖,其中中国儿童、青少年肥胖率 10 年增长 2 倍(我国第四次营养健康调查报告)。肥胖是一个世界性问题,它可以导致 2 型糖尿病、心血管疾病、器官衰竭甚至癌症。减轻体重最常用最有效的方案是限制热量摄入和增加运动。因为甜味剂几乎无热量,所以常被宣称能减轻体重,甚至被商家夸大为糖尿病和肥胖症患者的安全福音。然而,2014 年 Dr. Suez 对阿斯巴甜、三氯蔗糖和糖精进行了详细的研究,发现无论是正常饮食还是高脂饮食小鼠,食用这些甜味剂后,血糖都会显著升高。Dr. Fagherazzi 从 1993 年开始跟踪 66118 名妇女的饮食情况,结果发现饮用甜味剂饮料的女性和饮用纯糖饮料的女性一样,均可以引起 2 型糖尿病。尽管 FDA(Foodand Drug Administration,食品药品监督管理局)认为已经批准上市的甜味剂是安全的,但添加甜味剂的食物对于人们来说并不那么"安全"。诸如此类的食品添加剂给人们带来的食品安全隐患还有很多,因此需要更多的科学研究反复检验食品添加剂的安全性才是重中之重。

2003 年中国公布的许可使用的食品添加剂有 1694 种（包含香料）。2014 年中国许可使用的食品添加剂品种为 1513 种，减少了 181 种。其中 2014 年文件删除了 4 苯基苯酚、2-苯基苯酚钠盐、不饱和脂肪酸单甘酯、茶黄色素、茶绿色素、多穗柯棕、甘草、硅铝酸钠、葫芦巴胶、黄蜀葵胶、酸性磷酸铝钠、辛基苯氧聚乙烯氧基、辛烯基琥珀酸铝淀粉、薪草提取物、乙萘酚、仲丁胺等食品添加剂品种及其使用规定。从文件中我们不难看出国家根据越来越多的研究不断地剔除掉对人身体有害的或者生产工艺不必要的食品添加剂，并完善法律法规对生产商家严格把控以减少食品添加剂对人民的健康危害。同时，我们需要注意到食品添加剂的安全性验证工作十分关键，为国家制定法律法规提供了理论参考，也为食品加工行业发展保驾护航。那么就需要更多的科研手段与更快速的验证方法作为理论基础，建立一个更为完备的检验体制显得尤为重要，目前食品添加剂的理论验证还十分匮乏，需要更多的科研工作者投入这项重要的事业中。

1.8 本研究的目的及意义

目前对 Notch 蛋白在天然免疫中的功能及作用机制进行了广泛而深入的研究，但对于 Notch 信号途径下游的 $Su(H)$ 和 $E(spl)$ 在天然免疫中的作用机制报道较少，特别是对不同病原体的防御作用，血细胞的功能和血细胞的分化等未见报道。本研究利用 $Su(H)$ 与 $E(spl)$ 两种基因的低表达突变体，分析了病原微生物感染时的生存率、噬菌作用和抗菌肽的表达量，以及幼虫期血细胞的数量。其结果表明，Notch 途径中的 $Su(H)$ 和 $E(spl)$ 基因在果蝇的体液免疫和细胞免疫中起重要的调节作用。

近年来，对 GPCRs 的研究已经成为科学领域的一大热点，科学家们试图根据 G 蛋白偶联受体研究找到治疗疾病的新型药物，从而减少人们来自病痛的折磨。$CG7510$ 基因作为一种孤儿 G 蛋白偶联受体，其功能尚未确定。CG7510 与哺乳动物 G155 具有很高的同源性，因此为 G155 的研究提供了理论依据。本研究利用 $CG7510$ 基因低表达突变体，分析病原微生物感染时幼虫血细胞的噬菌作用、观察血细胞伪足的延展情况、研究了 $CG7510$ 突变体血细胞相关基因的表达情况以及利用 P 因子切除的方法获得表达量更低的突变体。其结果表明，*CG*7510 基因不仅对果蝇细胞免疫起到重要的作用，而且对于血细胞伪足发育也存在重要影响，以及血细胞发育相关基因的调节作用。此外，通过 P 因子切除方法已获得 *CG*7510 基因 mRNA 表达量更低的突变体果蝇，为进一步研究该基因的生理功能和作用机理提供了新的实验材料。

　　果蝇属于昆虫纲，有生活史短、繁殖率高、易于饲养以及与哺乳动物基因的高度同源性等特点。其生长发育、代谢系统、生理功能与同哺乳动物基本相似，因而被广泛地应用于免疫、癌症、衰老、寿命、肠道共生菌群等多方面的实验研究中。根据文献报道采用果蝇进行食品添加剂苯甲酸钠等防腐剂的检测效果也较为显著。因此，果蝇是作为食品添加剂验证的优选对象。本文采用喂食果蝇不同的食品添加剂，通过观察果蝇的幼虫与蛹的体积、受精卵的孵化率、成虫的体重和爬行能力等指标分析食品添加剂对果蝇生长发育的影响。

2 材料

2.1 果蝇品系及培养方法

2.1.1 果蝇的野生型品系及突变体品系

野生型黑腹果蝇（*Drosophila melanogester*）WT（W^{1118}），P〔ry+△2-3〕Sb/TM6B，TB，WR13S（Sp/Cyo；Sb/Ubx）为实验室保存；低表达突变体品系：*E*（*spl*）（BL199，*In*（3R）*E*（*spl*）^{rv1}，*E*（*spl*）m8-HLH^{rv1}/TM6B，Tb^1）和 *Su*（*H*）（BL417，*Su*（*H*）^{1}/*In*（2L）Cy，*In*（2R）Cy，Cy^1 pr^1）突变体果蝇购于 Bloomington *Drosophila* Stock Center；P 因子插入 *CG*7510 突变体购于 Genexel Stock Center。

2.1.2 培养方法

果蝇培养在温度为 25℃、相对湿度为 60% 左右培养箱内，光/暗周期为 12h/12h。待果蝇接卵 24~48h 后，清空果蝇瓶。受精卵经过 24h 即可孵化成一龄幼虫，经过二龄幼虫、三龄幼虫、蛹期，最后孵化成成虫。在 25℃下，从受精卵到成虫需要 10d 左右。

2.2 病原体

2.2.1 病原体种类

实验选用白僵菌（*Beauveria bassiana*，*B. bassiana*）、欧文氏菌（*Erwinia carotovora carotovora* 15，*Ecc*15）、金黄色葡萄球菌（*Staphylococcus aureus*，*S. aureus*）为实验室保存。绿色荧光乳胶珠子（CML latex beads，直径

10μm)和大肠杆（*E. coli* K-12）购自于 Molecular Probes。

2.2.2 荧光标记的病原体

首先要标记的病原体在 70℃ 金属浴灭活 30min。在灭活的白僵菌（*B. bassiana*）和金黄色葡萄球菌（*S. aureus*）加入 Alexa Fluor 488，37℃、150r/min 连接 30min。然后用 PBS 多次清洗，配制成一定浓度的荧光菌液。

2.3 试剂与培养基

2.3.1 试剂

甘油、多聚甲醛、4′,6-二脒基-2-苯基吲哚（4′,6-Diamidino-2-phenylindole，DAPI）、Trypan blue 和吐温 20（Tween 20）均购于 Sigma 公司；TRIzol 试剂盒、FITC-鬼笔环肽（FITC-Phalloidin）购于 Invitrogen 公司；SYBR Premix Ex Taq Ⅱ 试剂盒和 RevertAid™ M-MLV Reverse Transcriptase 均购于 Promega 公司；Taq DNA 聚合酶、dNTPs 和 Oligo dT 购于 TaKaRa 公司；DEPC 购于 Amresco；胰蛋白胨和酵母提取物购于 Oxoid 公司；其他实验试剂均为分析纯。

2.3.2 培养基

2.3.2.1 果蝇培养基

玉米粉 7.1%，酵母粉 1.6%，黄豆粉 1%，琼脂 0.6%，糖 10%，丙酸 4.7mL/L。

果蝇培养基配制的具体操作方法：

（1）按 2L 果蝇培养基配制为例，先将锅洗净，实验台用酒精擦净。

（2）准确称取玉米粉 142.5g、酵母粉 33.7g、黄豆粉 19.5g、糖 200g 和琼脂 11.3g 备用。

（3）取 2L 去离子水，倒入锅中，稍微加热后将琼脂倒入锅中，并不断搅拌，直至琼脂融化。然后慢慢加入（2）中称量的其他成分并不断搅拌，加热至沸腾，然后继续煮沸 5~10min。

（4）停止加热，当培养基冷却至60℃左右时，加入丙酸9.4mL，均匀搅拌，防止培养基变质。

（5）充分混匀后分装到灭过菌的果蝇瓶或果蝇管中。果蝇瓶内培养基需要大约20mL，果蝇管内培养基需要3~4mL，倒好的培养基在常温下冷却、凝固。

（6）培养基室温放置12h，确保培养表面的水蒸气基本散失，以免沾湿果蝇翅膀以致影响接卵。用干净的塑封袋收集分别塞好灭菌的海绵塞（烘箱内烘干1h灭菌）的果蝇管和果蝇瓶，4℃保存。

2.3.2.2 LB 液体培养基

胰蛋白胨（Tryptone）10g/L，酵母提取物（Yeast extract）5g/L，氯化钠（NaCl）10g/L。

2.4 主要仪器

北京赛多利斯公司的电子分析天平

果蝇培养箱

金属浴

Eppendorf 公司的梯度 PCR 仪

LightCycler 480 Real time PCR 仪

Zeiss 的荧光显微镜、超净工作台

Olympus 公司的解剖显微镜

Eppendorf 公司的冷冻离心机

日本岛津公司的紫外分光光度计

注射病原体用的 *Picospritzer* Ⅲ 等实验仪器和设备

Millipore 公司的去离子水系统

3 实验方法

3.1 成虫的生存率

实验采用注射的方式使果蝇感染细菌或真菌。分别随机收集野生型和突变体羽化 3~5d 的雌、雄果蝇各 15 只为一组，利用微量注射仪向果蝇腹部注射 OD 值分别为 0.2 和 0.05 的 Ecc15 和 $B.\ bassiana$ 孢子 60nL，注射后果蝇放回培养基内培养。每 24h 记录果蝇死亡数，每隔 3d 更换 1 次培养基，计算生存率，共记录 7d，每组实验重复 3 次。

3.2 成虫血细胞的噬菌作用

分别随机收集野生型与突变体羽化 3~5d 的雄果蝇各 20 只。用微量注射仪注射荧光标记的 $E.\ coli$（K-12）或 $B.\ bassiana$ 孢子 60nL，注射后放回培养基内。1h 后注射 0.4% Trypan blue 200~300nL，掩盖没有被血细胞吞噬的荧光病原体，然后利用 Axioskop 2 plus（ZISS）荧光显微镜照相，分析血细胞的吞噬能力。

3.3 分析浆细胞的数量

分别选取野生型果蝇和突变体果蝇雌雄各 30 只在果蝇瓶内，25℃接卵 12h 后清空果蝇瓶。当果蝇受精卵发育成一龄幼虫后，在果蝇培养基中加入 Trypan blue，随着幼虫的进食，其肠道将呈蓝色，待三龄幼虫时，果蝇又将体内的食物清除体外，其肠道恢复正常，即以此生理现象作为指示三龄幼虫时期。

分别挑选野生型及突变体三龄幼虫各 6 只用 PBS 洗净，在解剖镜下利用尖细的镊子完全撕开幼虫表皮，使其体腔液溶于 20μL PBS 中，用血细胞计数板在显微镜下计数，每组实验重复 10~15 次，从而计算血细胞的平均值和标准偏差。

3.4 果蝇总 RNA 提取

随机收集野生型及突变体羽化 3~5d 的雄果蝇 15~20 只，注射 B. bassiana 孢子 6h 后，利用二氧化碳麻醉果蝇并收集。

提取总 RNA 的具体实验步骤如下：

（1）先将实验台用酒精擦拭干净，戴上无菌手套和口罩，防止提取过程中 RNA 受到污染而降解；

（2）雌果蝇用 CO_2 麻醉后，放入用 RNA 酶抑制剂处理过的 1.5mL 离心管中，液氮速冻，用灭菌的研棒将果蝇研碎；

（3）加入 500μL Trizol 后在振荡器上将研碎的组织充分打散，在静音混合器上孵育 5min；

（4）加入 75μL 氯仿后，在旋涡振荡器上振荡混匀；

（5）采用冷冻离心机 4℃、13000r/min 离心 5min；

（6）慢慢将上清液转移至新的 1.5mL 离心管中，然后加入 250μL 异丙醇后，轻轻上下颠倒混匀；

（7）用冷冻离心机 4℃、13000r/min 离心 20min；

（8）弃掉上清液，在沉淀中加入 250μL 75%乙醇后轻轻上下颠倒混匀，利用冷冻离心机 4℃、13000r/min 离心 10min；

（9）将上清液去除后室温凉干，用 1% DEPC 水溶解总 RNA 沉淀。

3.5 RNA 反转录为 cDNA

用紫外分光光度计测定所提取的总 RNA 浓度，然后按如下方法进行反转录：

（1）晾干提取的 RNA 加入 20μL DEPC 水使其溶解，采用紫外分光光度计测得 RNA 的浓度为 1.2μg/mL；

（2）取 5μg 的总 RNA，加入 1μL 的 Oligo dT、4μL 2.5mmol/L 的 dNTPs，然后加水至 10μL 于 200μL 的 PCR 管中；

（3）将（1）的 PCR 管振荡均匀瞬离后放入 PCR 仪；

（4）PCR 仪设定反应程序是 65℃，10min、1 个循环；

（5）反应结束后将 PCR 管置于冰上，加入 2μL 0.1M DTT、4μL 5×RT buffer、1μL RTase、1μL RNAsin（RNA 酶抑制剂）和 2μL H$_2$O，最后定容为 20μL，上述液体混匀后放入 PCR 仪；

（6）设定反应程序为 42℃ 2h，72℃ 15min 后 4℃保存。反应结束后加入 280μL 无菌水，即为所得目的基因的 cDNA 溶液。

3.6 RT-PCR 检测血细胞发育相关基因

本实验采用半定量 RT-PCR 的方法检测 CG7510 突变体血细胞发育相关基因的表达情况。分别选取野生型和突变体果蝇的三龄幼虫，提取血细胞，用 TRIzol 法提取血细胞的 RNA，反转录成 cDNA（方法见 3.4，3.5）。RT-PCR 的方法检测细胞发育相关基因的表达，其中包括：ush、serrate、lozenge、Ras、hop、serprnt、pvf2 和 Raf，共 8 种基因。以上基因的表达采用 rp49 作为内参，所用引物见表 2-3-1。

RT-PCR 方法：

将提取的 RNA，反转录成 cDNA。PCR 扩增反应体系为：cDNA 模板 2μL、10pmol 正反引物各 1μL、10mmol/L dNTPs 0.5μL、10×Taq buffer 2.5μL、Taq DNA 聚合酶 0.15μL，加入无菌水使终体积为 25μL。反应程序为：预变性 95℃，5min、变性 94℃、30s、退火 50℃、30s、延伸 72℃、40s、最后延伸 72℃，5min，其中变性、退火、延伸共为 22~30 个循环。

表 2-3-1 血细胞发育相关基因引物

靶基因	前 31 物	后 31 物
ush	ACTGGAAGGAGTAGGGGTTTAG	GAGGGACTCATCGAAGGACT

续表

靶基因	前引物	后引物
serrate	CTTTATAGTCCTGGTGGGATTCT	TGAGGCTTAGTTCCATGCC
lozenge	CGCAGTTGGCCATTATAGAT	CTTCATCTGGGTGGTGAAGTT
Ras	CGCTACTACCACAACGAGATG	CGCAGTTGGCCATTATAGAT
hop	GAGCAGGTTGCCATCAAGA	CGTGGATTATTGAGATTGGGT
serpent	ACTATAAGCTCCACAGTGTCCC	ATCGTCATTGACATCCATCTG
pyf2	GAAACGAAGTCCCATTTGC	CATCACCGAGAATCCCTCA
Raf	TCCGTGAAGATAGGCGACT	ACTGGAAGGAGTAGGGGTTTAG
rp49	AGTCGGATCGATATGCTAAGCTGT	TAACCGATGTTGGGCATCAGATACT

3.7 定量PCR测定抗菌肽的表达量

提取果蝇的总 RNA，反转录成 cDNA，利用 LightCycler 480（Roche）定量 PCR 仪检测多种抗菌肽的表达量。抗菌肽的表达量以 rp49 基因为内参，每组实验重复 2 次。rp49 和抗菌肽的引物参照表 2-3-2。

定量 PCR 方法：

PCR 扩增反应体系为：cDNA 模板 2μL、前后引物各加 1μL、Premix Ex Taq Ⅱ 加 12.5μL，然后加入无菌水使终体积为 25μL。反应程序为：预变性 95℃，30s、变性 95℃，5s、退火 60℃，34s，其中变性、退火为 40 个循环。

表 2-3-2 抗菌肽引物

靶基因	前引物	后引物
AttA	AGGTTCCTTAACCTCCAATC	CATGACCAGCATTGTTGTAG
AttB	GTGCTAATCTCTGGTCATC	GGGTAATATTTAACCGAAGT
Dpt	ATGCAGTTCACCATTGCCGTC	TCCAGCTCGGTTCTGAGTTG
Mtk	GCATCAATCAATTCCCGCCACC	CGGCCTCGTATCGAAAATGGG
CecA2	ATTAGATAGTCATCGTGGTT	GTGTTGGTCAGCACACT
Drs	CTTGTTCGCCCTCTTCGCTG	AGCACTTCAGACTGGGGCTG
rp49	AGTCGGATCGATATGCTAAGCTGT	TAACCGATGTTGGGCATCAGATACT

3.8 幼虫血细胞的吞噬作用

分别选取野生型和突变体果蝇的三龄幼虫 25~30 只用 PBS 缓冲液洗净，用微量注射仪分别注射一定浓度的绿色荧光标记的乳胶珠子、白僵孢子菌（*B. bassiana*）、金黄色葡萄球菌（*S. aureus*）和大肠杆菌（*E. coli* K-12）。注射后的幼虫放置在湿润的滤纸上，放入 25℃ 果蝇培养箱内 1h 后，用尖细的镊子慢慢撕开幼虫表皮使其体腔液溶于 20μL PBS。将含有血细胞的 PBS 溶液置于干净的黏附性载玻片上，保湿、避光、沉降 30min。用多聚甲醛固定 15min，PBST 洗 3 次，每次 5min。70% 甘油封片，荧光显微镜观察、照相。

3.9 血细胞肌动蛋白染色

（1）分别随机选取野生型和突变体三龄幼虫各 20~25 只，将幼虫用冷的 PBS 缓冲液清洗干净，除去残余培养基；

（2）在解剖镜下，用尖细的镊子撕去幼虫的表皮，使其体腔液溶于 20μL PBS 溶液中；

（3）将溶有体腔液的 PBS 置于干净的黏附性载玻片上，避光，保湿，室温沉降 30min；

（4）加入 4% 多聚甲醛固定 15min 后，1% PBST 清洗 3 次，每次 5~10min；

（5）采用 1% PBST 加入 5% 羊血清溶液（溶在 PBS）进行封闭，室温放置 15min；

（6）Alexa Fluor 488 Phalloidin 1∶40 稀释于 1% PBST 中，室温染色 30min，然后用 1% PBST 清洗 3 次，每次 5~10min；

（7）DAPI 1∶200 稀释于 1% PBST 中，室温染色 10min，1% PBST 清洗 3 次，每次 5min；

（8）70% 甘油封片，荧光显微镜下观察并拍照。

3.10 P因子切除技术获得低表达突变体

为了获得 $CG7510$ 表达水平更低的突变体，利用P因子插入突变体进行了P因子切除实验。

果蝇品系：$CG7510$，P［ry+△2-3］Sb/TM6B，TB，$WR13S$（Sp/Cyo；Sb/Ubx）。

$CG7510$ 基因位于第三条染色体上，其基因上游5'UTR处插入P因子，阻断 $CG7510$ 基因的正常表达，从而形成基因低表达的突变体。由于P因子为缺陷转座子，它自身并不能单独完成基因转座，这种缺陷型转座子必须引入整合有转座酶基因后才能正常发生转座。因此采用P［ry+△2-3］Sb/TM6B，TB品系果蝇，该果蝇插入了含有转座酶的缺陷P（ry+△2-3）P因子。通过果蝇杂交后，P（ry+△2-3）和 $CG7510$ 突变体中的缺陷P因子位于同一雄果蝇的不同染色体上，然后该缺陷P因子会在果蝇的F1代中发生转座，进而实现了该P因子从 $CG7510$ 突变体原来的插入位点切除。在P因子发生转座的同时可能携带出去部分它邻近的 $CG7510$ 基因片段，因此便获得了 $CG7510$ 低表达突变体。由于这种转座携带方式是随机的，携带出去的基因片段长短也是不同的。所以获得的 $CG7510$ 突变体低表达的效果大小不一，因此需要进一步地检测筛选加以验证。

本实验采用的杂交方案如图2-3-1所示，挑选作为亲代的P（ry+△2-3）处女蝇（处女蝇为蛹期果蝇羽化后8h内的雌果蝇）。该处女蝇与另一亲代插入P因子的 $CG7510$ 突变体雄果蝇杂交，筛选杂交F1代表型为除TB（幼虫体态短小）外，但为Sb（成虫背部短刚毛）［即同时含有P（ry+△2-3）与P染色体］的雄果蝇。现在雄果蝇中的P因子可能发生了不同的转座，让该F1雄果蝇与 $WR13S$（Sp/Cyo；Sb/Ubx）的处女蝇杂交。在获得的F2代果蝇中筛选白眼且无Sb（即成虫为白眼，背部长刚毛）的雄果蝇。这些筛选出的雄果蝇的P因子可能已经被切除，而且不含P（ry+△2-3）转座酶基因，因此获得的转座已经维持稳定。将筛选的雄果蝇进行编号后，让每种雄果蝇分别与+/+；Sb/Ubx（$WR13S$ 与 WT 杂交获得）

处女蝇进行杂交。将筛选得到的非 Cyo（翘翅）的成虫果蝇 F3 代杂合体转基因后代进行自交，并且在其下一世代完全剔除 Ubx（大平衡棒）的果蝇，因此就获得了所需的果蝇。最后通过提取果蝇基因组 DNA，采取 PCR 手段检测自交得到的纯合体后代的 P 因子转座情况，从而判断目的基因的表达量降低的情况。

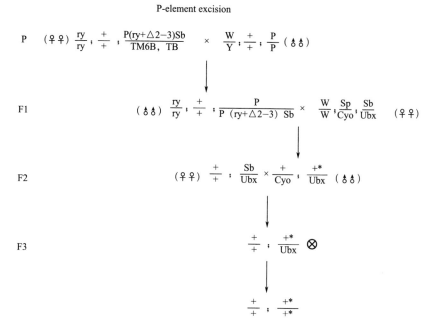

图 2-3-1　P 因子切除技术构建突变体杂交方案

3.11　果蝇基因组 DNA 的提取方法

将获得的 P 因子切除突变体进行扩繁后，从孵出的果蝇中挑选纯合体即表型不含 Ubx 的果蝇 20 只，并提取总 DNA，具体步骤如下：

（1）将果蝇用 CO_2 麻醉后，用液氮速冻在 1.5mL Ep 管中，并加入 ENB 后用研棒将果蝇研碎；

（2）用灭菌的镊子夹取适量玻璃绒放在 10mL 小注射器管体中用力挤压，将（1）研碎的匀浆用移液器加入该注射器中，并用注射器的活塞挤压将匀浆液体过滤到新的 1.5mL 离心管中；

（3）将（2）得到的液体在室温下 13000r/min 离心 5min 后去掉上清；

（4）沉淀加入 100μL ENB 后，用枪头将沉淀打散；

（5）加入 300μL Bender A 和 100μL Bender B 轻轻颠倒混匀；

（6）置于 65℃ 金属浴 20min；

（7）加入 150μL KOAC 溶液轻轻混匀，冰上孵育 20min；

（8）采用 4℃ 冷冻离心机 13000r/min 离心 5min；

（9）将上清液移至新的 1.5mL 离心管，并加入 2 倍体积 100%乙醇混匀后室温放置 5min；

（10）室温 13000r/min 离心 10min 后去掉上清；

（11）加入适量水和 RNA 酶，37℃ 金属浴 20min；

（12）加入 150μL 水和 20μL 氯仿后，轻轻上下混匀，室温 13000r/min 离心 10min；

（13）吸取上层液体，加入 2 倍体积的 100%乙醇混匀后，室温放置 5min；

（14）室温 13000r/min 离心 10min 后去掉上清晾干，用水溶解 DNA。

3.12 PCR 检测 P 因子切除情况

提取各组纯合突变体果蝇的基因组 DNA，以该 DNA 为模板，根据原有 *CG*7510 突变体 P 因子插入位点的两端碱基片段设计一组引物，分别定义为 F（上游引物）与 R（下游引物），并且在 P 因子靠近插入位点下游的位置设计一个上游引物，定义为 P。所得引物序列见表 2-3-3，分别以 F+R 和 P+R 为引物进行 PCR 检测。

表 2-3-3　检测 P 因子切除技术筛选纯合突变体引物

靶基因	前 31 物	后 31 物
F	ACAAAACCCATCGGCG	
P	CAATCATATCGCTGTCTCACTCA	
R		
*rp*49		GGGTAATATTTAACCGAAGT

续表

靶基因	前引物	后引物
CG7510 1141-1260	AGTCGGATCGATATGCTAAGCTGT AGATGTCCAAACGGAATCG	TAACCGATGTTGGGCATCAGATACT ATCCTCCTGCAACACCCA

3.13 RT-PCR 检测制备突变体 *CG7510* 的表达量

分别挑选 WT、CG7510 突变体以及 P 因子切除的纯合突变体果蝇，提取总 RNA，反转录成 cDNA，检测 CG7510 基因的 mRNA 水平，以 rp49 作为内参。所需引物见表 2-3-3。

3.14 食品添加剂安全性果蝇检测模型

果蝇是一种常见的动物模型，通过给果蝇喂养不同的食品添加剂，通过检测一系列指标表现出食品添加剂在使用过程中的安全性。

果蝇的饲养周期短、易操作和培养空间小的优点可以较为便捷地检测食品添加剂在果蝇发育的整个周期的影响。

（1）根据 2014 版《食品安全国家标准》挑选食品添加剂，国家许可使用的食品添加剂种类有 20 余种，我们优先选择防腐剂、抗氧化剂、膨松剂、甜味剂、着色剂中的一些品种作为检验材料。

（2）三龄幼虫的发育情况测定。

收集在不同实验组与对照组培养基中产卵 4 d 后的三龄幼虫，-20℃ 冷冻处理 14h，置于干净的载玻片上，每组收集 20 只并摆放整齐，在显微镜下拍照，用刻度尺测量并拍照记录。根据以下公式计算蛹的相对体积 V_1。

$$V_1 = 4/3\pi \times (L_1/2) \times (I_1/2)^2 \qquad (2-3-1)$$

式中：L_1 为三龄幼虫的长度，mm；I_1 为三龄幼虫的宽度，mm。

（3）蛹的发育情况。

收集不同实验组与对照组培养基已经孵化成蛹的果蝇，放置于干净的载玻片上，用镊子将其摆放整齐，每组20只在显微镜下拍照并记录。根据以下公式计算蛹的相对体积 V_2。

$$V_2 = 4/3\pi \times (L_2/2) \times (I_2/2)^2 \qquad (2\text{-}3\text{-}2)$$

式中：L_2 为蛹的长度，mm；I_2 为蛹的宽度，mm。

(4) 成虫爬行能力的测定。

根据李娜等测定果蝇的爬行能力的方法，收集不同培养基中羽化5~7d的雄性成虫，取20只分别放入量筒中，将果蝇磕至空量筒底部，并同时开始计时至15s时，数出15s时果蝇过12cm线的只数，每组做3次平行实验。

(5) 雄性成虫果蝇重量的测定。

收集不同实验组与对照组培养基中羽化5~7d的雄性成虫，每组样品取20只，使用分析天平称重记录数据。每组做3次平行实验。成虫平均体重计算公式为：成虫平均体重=总质量/称重只数。

(6) 雌果蝇受精卵的孵化率的测定。

收集不同实验组与对照组培养基中雌性果蝇20只，将其放在苹果汁培养基中培养，记录其产卵数，24h后记录其孵化卵数。计算出果蝇的孵化率，每组做3次平行实验。孵化率的计算公式为：孵化率=（孵化数/产卵总数）×100%。

4 结果与分析

4.1 $E(spl)$ 基因对果蝇天然免疫的影响

4.1.1 $E(spl)$ 基因对果蝇生存率的影响

由于 $Su(H)$ 位于 Notch 途径中 $E(spl)$ 下游，因此本研究同时对 $Su(H)$ 突变体也进行了相同的研究，进一步揭示 Notch 途径基因在天然免疫中的功能。

本实验选择两种病原体 $Ecc15$（革兰氏阴性菌）和 $B. bassiana$（真菌）作为感染源。利用微量注射器向果蝇腹腔注射 $Ecc15$ 细菌 50~60nL，5d 后野生型果蝇 WT 的生存率维持在 95.5%，而 $E(spl)$ 基因突变体的生存率降低到 48.3%（图 2-4-1 A）。但是 $Su(H)$ 突变体注射 $Ecc15$ 后与 WT 相似，生存率为 92.2%，没有明显的变化。另外，注射 $B. bassiana$ 孢子时，$Su(H)$ 和 $E(spl)$ 突变体的生存率明显降低。注射 6d 后野生型果蝇的生存率为 88.8%，而突变体 $Su(H)$ 和 $E(spl)$ 的生存率 4d 后分别为 60% 和 30%，6d 后仅为 38.8% 和 15.5%（图 2-4-1 B），分别降低了 50% 和 73.3%。为了进一步证明生存率降低是由于两种病原体引起的，我们利用加热灭活的病原体注射野生型和突变体果蝇，其结果野生型果蝇和突变体 $Su(H)$ 和 $E(spl)$ 的生存率都高于 90% 以上（图 2-4-1 C 和 D）。此结果说明 $Su(H)$ 和 $E(spl)$ 生存率降低是由于两种病原体引起，并且对两种病原体表现出不同的敏感性的原因可能是由于两种突变体对细胞免疫和体液免疫缺陷程度不同所致。以上结果说明 Notch 途径中的 $E(spl)$ 和 $Su(H)$ 基因对果蝇抵御外界的感染具有重要的作用。

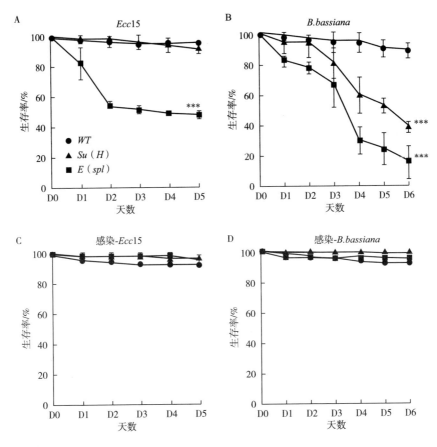

图 2-4-1 WT，Su（H）和 E（spl）注射 Ecc15、B. bassiana 的生存率

A—感染 Ecc15。B—感染 B. bassiana。C—感染灭活的 Ecc15。D—感染灭活的 B. bassiana。*** $p<0.0001$

4.1.2 E（spl）突变体血细胞噬菌功能降低

果蝇的血细胞中存在 3 种类型，分别为浆细胞、薄层细胞以及晶细胞。其中浆细胞的主要功能是吞噬入侵的外来病原体或其他物质。成虫血细胞数量在幼虫发育完全后保持稳定数量。成虫的血细胞大多数都是固着的，几乎不能从果蝇的体内分离出来。但这些成群的血细胞分布在下腹部表皮沿着背侧的血管附近，因此可以透过背部的角质层观察成虫的血细胞。为了检测 Su（H）和 E（spl）对浆细胞功能的影响，我们分析了成体果蝇浆细胞的噬菌功能。利用微量注射器向成虫腹部注射一定量的荧光标

记的病原体，1h后观察吞噬的病原体量。在注射荧光标记的 E. coli K-12 时，与 WT 相比较突变体 Su (H) 和 E (spl) 的吞噬能力均有所下降，分别为野生型果蝇的57.5%和32.7%（图2-4-2 A 和 B），其中 E (spl) 的吞噬能力显著降低。注射荧光标记的 B. bassiana 孢子时，E (spl) 突变体的吞噬能力也表现出下降趋势，为野生型果蝇的50.7%，而 Su (H) 突变体与野生型果蝇相似（图2-4-2 C 和 D）。此结果表明 E (spl) 突变体浆细胞对两种病原体的噬菌能力降低是导致生存率降低的原因之一。Su (H) 注射白僵菌后噬菌作用没有发生变化，但是生存率降低，此降低的原因可能是由于其他因素引起的。

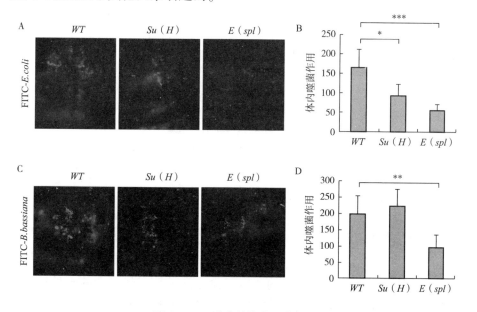

图 2-4-2 成虫的体内噬菌作用

A、C—实验成虫注射 Alexa Fluor 标记灭活的大肠杆菌和白僵菌血细胞吞噬情况。B、D—体内细菌和真菌的噬菌作用定量分析。*** $p<0.0001$，** $p<0.004$，* $p<0.04$

4.1.3 E (spl) 突变体血细胞数量异常增加

血细胞中主要起到吞噬作用的细胞为浆细胞，因此浆细胞的数量和功能将会影响果蝇个体的噬菌功能及细胞免疫功能，因此本实验进一步分析了突变体果蝇的浆细胞数量。野生型黑腹果蝇在三龄幼虫后期游离的浆细胞个数为2000个左右，而 E (spl) 突变体的浆细胞数量为9637个，是野生型果蝇的4.9倍。$Su(H)$基因突变体的浆细胞数量为2728个，与野生型果蝇相比没有显著差异（图2-4-3）。虽然$E(spl)$中浆细胞数量增加，但是浆细胞的总的噬菌能力明显低于野生型果蝇，此结果说明$E(spl)$中异常增殖的浆细胞不能发挥其正常的吞噬功能。

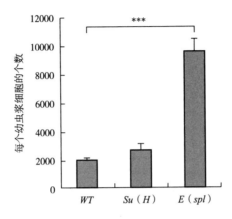

图2-4-3 果蝇流动血细胞数量分析

*** $p<0.0001$，$n=10$

4.1.4 $E(spl)$基因对体液免疫的影响

体液免疫的主要特点是受免疫原刺激以后能合成大量的抗菌肽（Antimicrobial peptides，AMPs）。抗菌肽由脂肪体迅速合成并分泌到血淋巴中，最终达到杀死病原体的目的。本实验分析了具有代表性的6种抗菌肽的表达。注射 *B. bassiana* 孢子6h后，与野生型果蝇相比较，$Su(H)$突变体的抗菌肽 *AttA*、*Dpt* 和 *CecA2* 表达量明显降低（图2-4-4 A、C和E），在$E(spl)$突变体中 *Dpt* 和 *CecA2* 表达量显著下降（图2-4-4 C和E）。另外，抗菌肽 *AttB*、*Mtk* 和 *Drs* 在两种突变体果蝇中的表达量均无明显变化。该实验结果表明$Su(H)$注射白僵菌后抗菌肽（*AttA*、*Dpt* 和 *CecA2*）表达量减少可能会导致突变体果蝇生存率降低。

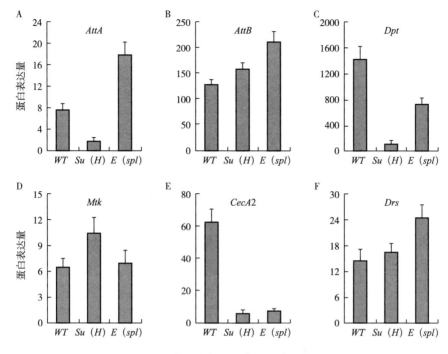

图 2-4-4 果蝇成虫注射白僵菌后抗菌肽表达量的分析

4.2 *CG*7510 基因对果蝇天然免疫的影响

在我们过去的研究中发现 *CG*7510 低表达的突变体注射病原体后生存率明显降低。为了进一步分析对天然免疫的影响，本文主要分析了天然免疫中的细胞免疫，通过血细胞的噬菌作用、肌动蛋白的表达和调控血细胞生长发育相关基因的表达分析了对细胞免疫的影响。

4.2.1 *CG*7510 突变体幼虫血细胞吞噬作用降低

果蝇发育过程中三龄幼虫时期血细胞达到最大数量，因此本实验选择该时期的幼虫作为吞噬作用的研究。我们选用 4 种绿色荧光标记物进行注射实验，包括乳胶珠子、白僵孢子菌、金黄色葡萄球菌和大肠杆菌。其中乳胶珠子为外界异物体，白僵孢子菌为真菌，金黄色葡萄球菌为革兰氏阳性菌，大肠杆菌 K-12 为革兰氏阴性菌。实验结果表明：如图 2-4-5 所示,在果蝇幼虫注射1h后,血细胞表现出对不同异物体的敏感性;与 WT 相比 CG7510 突变体对乳胶珠子、白僵孢子菌和金黄色葡萄球菌的吞噬能力明显下降,单个血细胞内的荧光数明显减少;但 CG7510 突变体对大肠杆菌的吞噬作用则不明显(数据未显示)。因此,CG7510 对于果蝇细胞免疫具有重要作用。

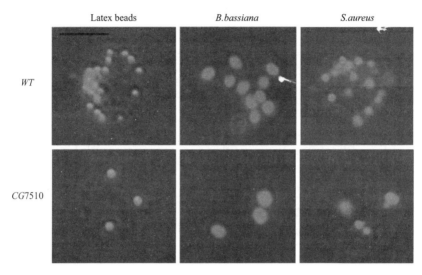

图 2-4-5　幼虫血细胞的噬菌作用(标尺为 5μm)

4.2.2　CG7510 突变体血细胞肌动蛋白分布异常

近年来,对果蝇血细胞运动研究成为热点问题之一。果蝇的血细胞运动主要依靠伪足,而伪足的运动是肌动蛋白聚集作用的结果。研究表明血细胞的伪足具有三方面的功能:第一,伪足使细胞发生极化,从而产生运动的前端,因此具有趋向性;第二,伪足贯穿细胞膜内外,因此伪足可以附着周围组织表面;第三,运动方向最后面的伪足起到推动前面细胞行进的作用。细胞的运动性使细胞能抵达目的地完成细胞的功能,如吞噬、细胞凝集,甚至是肿瘤中癌细胞的扩散等。本研究通过注射病原体,观察幼虫血细胞的吞噬作用,发现血细胞的吞噬能力降低,为了进一步研究血细胞的功能,分析了血细胞肌动蛋白的分布,观察伪足的延展情况。实验结果如图 2-4-6 所示:其中细胞染为绿色的部分为伪足,蓝色部分为细胞核。经观察，作为对照的野生型果蝇 WT 血细胞的伪足延展状况良好，伪足分布均匀，形态细长，且数量较多。CG7510 突变体血细胞的伪足延展状况较差，伪足分布不均匀，形态不一，数量较少。根据以上观察结果，进一步证实了突变体幼虫血细胞的吞噬功能降低可能是由于伪足发育异常导致的，从而产生了功能减退的血细胞。因此，CG7510 基因对果蝇细胞免疫具有重要的影响。

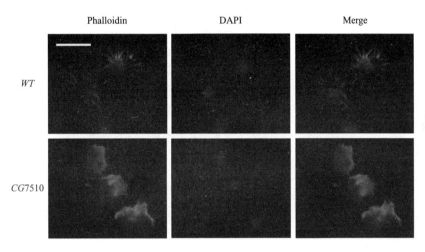

图 2-4-6　幼虫血细胞肌动蛋白的分布（标尺为 20μm）

4.2.3　血细胞发育相关基因的检测

血细胞发育受到多种信号转导通路的调控，其中包括 JAK/STAT、Notch、Hg 以及 Wnt 等。血细胞正常的发育是血细胞发挥其天然免疫功能的重要前提，因此本研究利用 RT-PCR 方法调查了与血细胞发育相关的一些基因在 CG7510 突变体中的表达情况。结果如图 2-4-7 所示，与 WT 相比 CG7510 突变体中 ush、serrate、lozenge、Ras、hop 以及 serpent 的表达量均大量增加；但 pvf2 和 Raf 的表达量并无明显变化。由此可以推测，CG7510 基因对于血细胞的生长发育具有重要的调节作用。

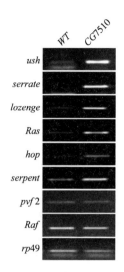

图 2-4-7　血细胞发育相关基因的 RT-PCR 检测

4.3　检测低表达突变体 *CG7510* mRNA 的表达量

通过实验室已有的 *CG7510* 突变体研究后，发现该基因对果蝇天然免疫起到重要的作用。由于该突变体为 P 因子插入的低表达突变体，P 因子插入的位点可能导致基因表达量的差异。为了分析该 P 因子插入突变体果蝇 *CG7510* mRNA 的表达，利用定量 PCR 的方法分析了其 mRNA 的表达量。实验结果如图 2-4-8 所示，通过定量分析 *CG7510* 的转录情况，以野生型果蝇 *WT* 中表达的 *CG7510* 基因量设定为单位表达量 1，*CG7510* 突变体中该基因的表达量为 0.3 左右。进一步证实了该突变体 *CG7510* 基因的表达量明显低于野生型果蝇 *WT*，因此对于之前的血细胞的吞噬能力的降低以及肌动蛋白异常均由该基因的表达量降低而导致的。

4.4　低表达 *CG7510* 突变体的制备

为了深入研究 *CG7510* 在果蝇天然免疫免疫中重要作用，获得效果更加

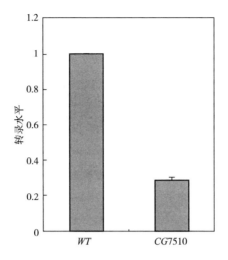

图 2-4-8　半定量 RT-PCR 检测 CG7510 基因转录水平的定量分析

明显的低表达突变体，因此利用 P 因子切除的方法，获得了表达量更低的新的 CG7510 突变体。

4.4.1　纯合突变体果蝇的筛选

为了验证 P 因子插入 CG7510 突变体果蝇，从 WT 和 CG7510 突变体果蝇中分别提出总 DNA，用 PCR 的方法分析结果，如图 2-4-9 所示，A 图展示了 CG7510 基因及 P 因子的引物位置，F 为 CG7510 基因上邻近 P 因子处的一段基因所设计的引物（即上游引物），R 为 CG7510 基因上邻近 P 因子处的下游一段基因序列所设计的引物（即下游引物），P 为 P 因子末端的一段基因序列。利用 F+R 的引物对 PCR 结果只有 WT 果蝇能检测出条带，而 CG7510 突变体没有检测到，说明大分子量的 P 因子正确地插入 F 和 R 之间。利用 P+R 的引物对 PCR 结果只有 CG7510 突变体能检测到条带，而野生型果蝇 WT 没有条带。这个实验进一步证明了 CG7510 是 P 因子插入的低表达突变体。

通过 P 因子家族的基因型为 P［ry+△2-3］Sb/TM6B，TB 的 P 因子果蝇的处女蝇与实验室保存的 P 因子插入果蝇 CG7510 雄果蝇杂交后，得到同时含有 P（ry+△2-3）与 P 因子的 F1 代雄果蝇。该雄果蝇与 WR13S（Sp/Cyo；Sb/Ubx）的处女蝇杂交后，在其后代中共筛选了 130 种白眼且背部长毛的雄果蝇，将其按顺序编号记录。将以上筛选得到的 130 种雄果

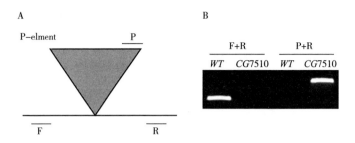

图 2-4-9　检测 *CG*7510 突变体 P 因子插入情况

蝇分别与基因型为+/+；Sb/Ubx（*WR*13*S* 与 *WT* 杂交获得）处女蝇进行杂交。杂交所得 F3 代中筛选基因型为+/Cyo；+*/Ubx（成虫翘翅，且大平衡棒）的果蝇进行自交扩繁。实验结果发现转基因果蝇自交后存在一部分果蝇没有后代，其中有后代的果蝇为 85 种。为进一步检测转座而引起的纯合突变体的发生，分别提取包含这 85 种转基因果蝇的基因组 DNA，并以该 DNA 为模板通过 PCR 方法检测 P 因子的切除情况。实验结果如图 2-4-10 所示，85 种 P 因子切除有后代果蝇中的 30 种果蝇的 PCR 检测的结果（包含全部纯合突变体果蝇），其中以 F+R 为 PCR 引物时 30 种突变体果蝇中除 8 号、30 号、39 号、40 号、82 号、93 号、111 号、115 号、119 号和 121 号外均无明显条带，说明杂交后的果蝇大多数表现为 *CG*7510 基因的缺失而且不能进行完整的 DNA 复制；其中无 F+R 条带并且无 P+R 条带的果蝇有 5 号、12 号、14 号、29 号、32 号、51 号、97 号和 105 号，以上果蝇为希望获得的可能的纯合突变体果蝇，既不能进行完整的 DNA 复制又将 P 因子完全切除干净的新突变体果蝇，即完全阻断了 *CG*7510 基因的复制。但是是否为 *CG*7510 缺失的突变体或只是切除了部分 P 因子基因，需要进一步鉴定。其中含无 F+R 条带但含有 P+R 条带果蝇有 1 号、2 号、6 号、10 号、11 号、13 号、28 号、31 号、33 号、34 号、36 号和 122 号，以上果蝇为可能达到的杂合体果蝇，说明由于 P 因子的插入阻断了果蝇对于 *CG*7510 中 P 因子插入位点上游片段的部分复制，但并没有将 P 因子完全切除；其中无 P+R 条带但含有 F+R 条带的果蝇有 30 号、39 号、40 号和 119 号，以上果蝇表现为能够完整的复制 *CG*7510 基因并且完全切除了 P 因子，为 P 因子插入的 *CG*7510 突变体的回复突变，说明 P 因子切除时未带出部分 *CG*7510 基因的片段从而表现出正常 *CG*7510 基因复制的结果。

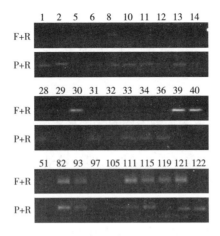

图 2-4-10 PCR 法检测 P 因子切除情况

4.4.2 *CG*7510 突变体 mRNA 水平检测

通过 P 因子切除方法，获得了 5 号、12 号、14 号、29 号、32 号、51 号、97 号和 105 号共 8 种新的纯合 *CG*7510 低表达突变体果蝇。另外，从 mRNA 的水平验证以上突变体是否能阻断 *CG*7510 基因的转录，因此分别收集 8 种突变体果蝇、*WT* 果蝇、P 因子插入 *CG*7510 基因果蝇，并提取其总 RNA，反转录成 cDNA，采用半定量 RT-PCR 检测 *CG*7510 基因 mRNA 的表达量，*rp*49 作为内参。实验结果如图 2-4-11 所示，其中 *WT* 作为阳性对照，*CG*7510 作为阴性对照。*CG*7510 与 *WT* 相比表达量较低，另外 29 号、97 号和 105 号 mRNA 都比 *CG*7510 突变体表达量低。因此根据以上实验，成功获得了 *CG*7510 基因 mRNA 表达量更低的新型突变体。

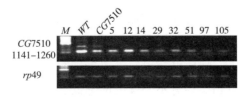

图 2-4-11 利用 PCR 检测 P 因子切除获得
突变体 *CG*7510 基因转录水平

4.5 食品添加剂对果蝇生长发育的影响

4.5.1 三龄幼虫期食品添加剂对果蝇的生长影响

果蝇幼虫发育时期需经3个龄期，即一龄幼虫期、二龄幼虫期和三龄幼虫期，而三龄幼虫期处于幼虫发育的高峰期能体现幼虫发育的特性，因此选用三龄幼虫作为测量幼虫期体积的对象。实验结果显示，在幼虫期甜味剂安赛蜜、阿斯巴甜、甜蜜素、异麦芽酮糖和三氯蔗糖对果蝇幼虫的平均体积均有不同程度影响，如图2-4-12所示（标尺为500μm）。其中三氯蔗糖组体积下降55.1%，安赛蜜组下降50.6%，异麦芽酮糖组下降39.3%，阿斯巴甜组下降33.9%，甜蜜素组下降28.5%。在幼虫期增稠剂卡拉胶、罗望子胶、藻酸丙二醇酯和海藻酸钠的体积显著减小。其中罗望子胶组体积下降28.4%，卡拉胶组下降21.8%，海藻酸钠组下降16.5%，藻酸丙二醇酯组下降了10.3%。焦糖色素组、酒石酸氢钾组、琥珀酸二钠组和山梨酸钾组的平均体积均有不同程度的降低。其中山梨酸钾组体积下降57.7%，酒石酸氢钾组下降26.5%，琥珀酸二钠组下降23.5%。另外，姜黄素组体积增加12.0%，氢氧化胆碱组体积增加1.5%，紫胶组和蔗糖硬脂酸酯组幼虫体积分别增加38.3%、65.2%。研究结果表明不同增稠剂对果蝇幼虫期的大小影响存在差异。

4.5.2 蛹期食品添加剂对果蝇的生长影响

果蝇幼虫期结束后进入蛹期发育，此阶段的果蝇的各个器官进一步分化逐渐趋于成熟，因此发育成熟的蛹的大小直接决定成虫体型，通过进一步观察果蝇蛹体积的大小，分析甜味剂对果蝇生长的影响至关重要。实验结果显示，安赛蜜组、阿斯巴甜组、三氯蔗糖组、甜蜜素组和异麦芽酮糖组的蛹体积与对照组相比均有不同程度的降低，分别降低20.4%、15.6%、10.8%、5.5%和2.4%。其中安赛蜜组蛹体积下降尤为突出（图2-4-13）。果实验结果显示，卡拉胶组减少53.3%，罗望子胶组减少42.4%，海藻酸钠组减少了38.1%，藻酸丙二醇酯减少了25.8%。焦糖色素组、酒石酸氢

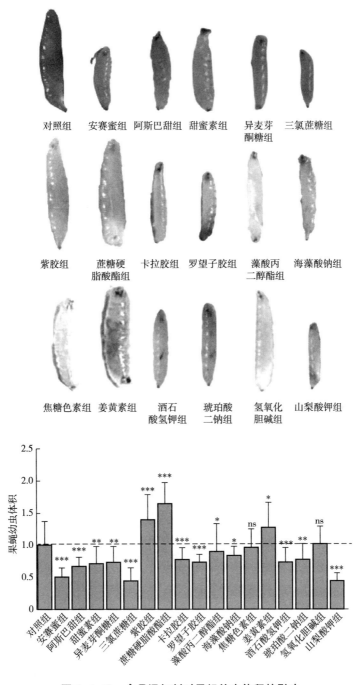

图 2-4-12　食品添加剂对果蝇幼虫体积的影响

钾组和山梨酸钾组的蛹体积与对照组相比均有不同程度的降低，分别为18.2%、2.1%和15.4%。另外，姜黄素组、琥珀酸二钠组、氢氧化胆碱组、紫胶组和蔗糖硬脂酸酯组的蛹体积表现为增加趋势，分别增加了15.8%、18.5%、14.2%、34.7%和32.5%（图2-4-13）。由于果蝇在三龄幼虫期末时会离开培养基黏附于培养基管壁并不再进食，因此蛹期食品添加剂的影响并未延续幼虫期显著体积差异而展现出回升趋势。但数据表明蛹期食品添加剂组仍表现出体积减小的现象。通过幼虫与蛹的体积分析，结果显示食品添加剂在蛹期时持续作用于果蝇的生长发育，并影响蛹期体积。

4.5.3 成虫期食品添加剂对果蝇的生长影响

果蝇经过幼虫期和蛹期的生长最终羽化成成虫，成虫继续在甜味剂培养基中生活7d，此时成果果蝇恢复正常进食。由于雌性成虫受激素的影响较大，因此选择羽化7d的雄果蝇测量体重，持续观察甜味剂对果蝇体重的影响。实验结果表明，与对照相比，实验组均展现出体重减轻的现象，安赛蜜组平均体重降低了0.070mg、异麦芽酮糖组平均体重降低了0.046mg、阿斯巴甜平均体重降低了0.043mg、三氯蔗糖组平均体重降低了0.039mg、甜蜜素组平均体重降低了0.280mg。与对照组相比卡拉胶组、罗望子胶组和海藻酸钠组的平均体重分别下降了0.110mg、0.090mg和0.120mg。与对照相比，焦糖色素组和山梨酸钾组果蝇的平均体重下降了0.040mg。另外，姜黄素组的平均体重增加了0.030mg，琥珀酸二钠体重增加了0.020mg，而紫胶组和蔗糖硬脂酸酯组的平均体重分别增加了0.100mg和0.050mg（图2-4-14）。因此，食品添加剂对果蝇的生长影响持续到了成虫期，而不同的食品添加剂的影响效果不同。

4.5.4 食品添加剂对果蝇后代的存活能力的影响

结果显示甜味剂组的后代活力显著下降，与对照组的孵化率（93.22%）相比，安赛蜜组下降了74.26%，阿斯巴甜组下降了71.92%，甜蜜素组下降了78.46%，异麦芽酮糖组下降了63.29%，三氯蔗糖组下降了77.25%。增稠剂组的后代活力显著下降，与对照组的93.2%的孵化率相比，紫胶组下降了28.2%，蔗糖硬脂酸酯组下降了12.2%，卡拉胶组下降了11.2%，罗望子

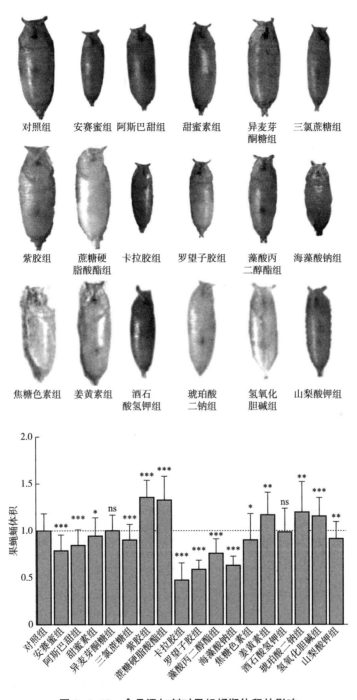

图 2-4-13 食品添加剂对果蝇蛹期体积的影响

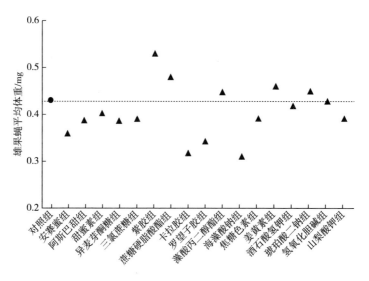

图 2-4-14 食品添加剂对果蝇成虫体重的影响

胶组下降了 37.1%，藻酸丙二醇酯组下降了 52.4%，海藻酸钠组下降了 14.1%。姜黄素组孵化率下降了 60.8%，焦糖色素组下降了 56.1%，酒石酸氢钾组下降了 50.4%，山梨酸钾组下降了 44.8%，氢氧化胆碱组下降了 29.5%，琥珀酸二钠组下降了 20.6%（图 2-4-15）。以上结果说明，食品添加剂对于果蝇后代存活率的影响严重，可造成受精卵的孵化率较大程度地降低。

4.5.5 食品添加剂对果蝇成虫行为能力的影响分析

爬行能力是体现果蝇运动机能的关键，进一步影响果蝇的摄食与求偶等行为。通过观察果蝇的爬行能力进一步分析甜味剂对果蝇的机械活动能力的影响，进一步评价果蝇的生长状态。本实验通过测量 20 只雄果蝇 15s 内爬过 12cm 距离的通过率分析果蝇的爬行能力。研究结果表明，喂食甜味剂的实验组果蝇成虫的爬行能力受到不同程度的影响，其中阿斯巴甜组的通过率下降了 47.80%，异麦芽酮糖组下降了 34.47%，甜蜜素组下降了 36.13%，三氯蔗糖组下降了 21.13%。其中紫胶组的通过率下降了 22.8%，蔗糖硬脂酸酯组下降了 27.8%，卡拉胶组组下降了 61.1%，罗望子胶组下降了 47.8%，藻酸丙二醇酯组下降了 54.5%，海藻酸钠组通过率下降了 40.1%。其中琥珀酸二钠组的通过率下降了 55.8%，山梨酸钾组下降了

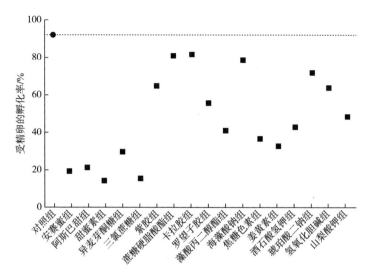

图 2-4-15 食品添加剂对果蝇受精卵孵化率的影响

51.1%，姜黄素组下降了 47.8%，酒石酸氢钾组下降了 44.8%，焦糖色素组下降了 25.8%。另外，安赛蜜组通过率增加了 7.20%，氢氧化胆碱组通过率增加了 21.3%（图2-4-16）。以上结果说明，不同食品添加剂对果蝇的爬行能力的影响存在差异。

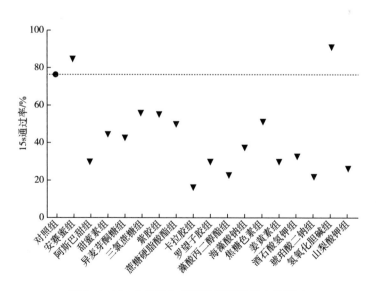

图 2-4-16 食品添加剂对果蝇爬行能力的影响

5 讨论

5.1 E（spl）对果蝇天然免疫的影响

近年来，对果蝇天然免疫的研究已取得了较大进展。果蝇和哺乳动物有着相似的参与免疫反应的受体和信号转导途径，说明两者的天然免疫机制具有相似性，在抗菌肽的产生上有着共同的进化关系。Notch 是一个十分保守的跨膜蛋白家族，同时 Notch 也是脊椎和无脊椎动物在发育过程中一类重要的信号受体蛋白家族。其主要通过与相邻细胞之间相互作用从而调控细胞的分化以及发育过程。近年的研究还发现，Notch 信号与个体发育、肿瘤、遗传性疾病、神经退行性疾病以及心血管病变等多种疾病的发生发展有密切关系。Su（H）和 E（spl）作为 Notch 信号转导通路下游的重要组成元件，也发挥着其独特的作用。

本研究利用 Su（H）和 E（spl）的低表达突变体果蝇，分析在细胞免疫和体液免疫中的功能。突变体 Su（H）注射革兰氏阴性菌后，生存率与野生型果蝇相似（图 2-4-1 A），而且噬菌功能与野生型果蝇相比较没有明显的变化（图 2-4-2 A），此结果说明 Su（H）对革兰氏阴性菌没有抵御作用。Su（H）注射孢子后，生存率明显下降，比野生型果蝇降低了 50%。为了进一步分析孢子感染后突变体果蝇死亡的原因，我们分析了浆细胞的噬菌功能和抗菌肽的表达量。其结果表明突变体的噬菌功能没有变化（图 2-4-2 C 和 D），但是 3 种抗菌肽的表达量明显下降（图 2-4-4），这个结果可能导致突变体 Su（H）被白僵菌感染后生存率降低。突变体 E（spl）注射革兰氏阴性菌和白僵菌时，生存率明显下降。其生存率降低的原因表现为对两种病原体的噬菌功能显著降低（图 2-4-2），并且注射孢子后一种抗菌肽的表达量明显减少。虽然突变体 E（spl）的浆细胞数量是野生型果蝇的 4.9 倍，但是浆细胞的总的噬菌能力明显低于野生型果蝇，此结果说明 E（spl）中异常增殖的浆细胞不能发挥其正常的吞噬病功能。因此 E（spl）和 Su（H）在果蝇的体液免疫和细胞免疫中起至关重要的作用，但是其调控机制还不是很清楚，有待进一步深入研究。

5.2　$CG7510$ 对果蝇天然免疫的影响

在自然环境中，果蝇以腐烂的水果为食，并且生活在微生物密集的环境中，因此果蝇面临着来自于机体损伤、微生物侵扰以及肠道感染的众多威胁。为了抵御来自多方面的生存压力，因此造就了果蝇多层次的防御应答，以维持其生存和繁殖。无疑，果蝇的天然免疫中细胞以及分子机制具有高度的进化保守性。当受到细菌、真菌、病毒以及寄生虫侵染时，果蝇就会利用细胞和体液免疫展开防御。其中细胞免疫包括噬菌作用可以直接吞噬较小的目标，如细菌，还包括包围作用，从而处理那些较大的目标，如寄生虫卵，然而体液免疫主要发生在血淋巴中。当机体受到外界病原体侵染时，机体就会作出以下 3 种应答：第一，通过血细胞和脂肪体快速合成的抗菌肽释放到血淋巴中直接杀死入侵者；第二，通过黑化反应产生的过氧化氢（H_2O_2）以及一氧化氮（NO）杀死病原体；第三，通过损伤部位血液凝集作用，阻止病原体进一步地入侵。

本研究主要通过调查 $CG7510$ 突变体血细胞的噬菌作用，发现该基因低表达时严重影响血细胞对外界病原体的吞噬。分别给 WT 和 $CG7510$ 三龄幼虫注射标记有绿色荧光的乳胶珠子（CML latex beads）、白僵菌 *Beauveria bassiana*（*B. bassiana*）、金黄色葡萄球菌 *Staphylococcus aureus*（*S. aureus*）和大肠杆菌 *E. coli* K-12，并观察幼虫血细胞内噬菌作用。其中乳胶珠子为外界异物体，白僵菌为真菌，金黄色葡萄球菌为革兰氏阳性菌，大肠杆菌 K-12 为革兰氏阴性菌。通过荧光显微镜观察后，发现突变体细胞对乳胶珠子、白僵菌以及金黄色葡萄球菌均表现出敏感性，单个血细胞吞噬具有荧光的病原体明显减少（图 2-4-5）。但突变体果蝇的血细胞对于革兰氏阴性菌并未表现出敏感性，这可能由于突变体细胞表面的识别受体未遭到 $CG7510$ 基因低表达的影响或者由于 $CG7510$ 基因低表达的程度不够低导致的。因此，通过以上研究表明，当 $CG7510$ 基因低表达时，其幼虫血细胞表现出对外界异物、真菌以及革兰氏阳性菌的特殊敏感性，从而使果蝇细胞免疫严重下降。总之，CG7510基因对于果蝇的天然免疫是十分关键的，具体机理有待进一步研究。

在机体受到感染时抗菌基因的激活是天然免疫的核心部分，然而这种应答往往伴随着信号诱导细胞运动。因为免疫细胞必须迁移到感染部位并且发挥其吞噬作用将病原体清除，同时这些细胞需要进行细胞膜的肌动蛋白骨架重塑。最终细胞调节周围的肌动蛋白的长丝聚集在一起形成细胞突出物。据报道在细胞迁移过程中，一些Rho GTP酶对于调节肌动蛋白细胞骨架重塑具有重要调节作用，其中Cdc42和Rac1被证实可促进肌动蛋白富集，从而分别形成丝状的伪足和片状伪足。Rho GTP酶被募集到浆细胞膜后，接触外界病原体并且诱导肌动蛋白聚集进而发挥其吞噬作用。此外，Cdc42的两极性也是细胞迁移的关键。因此伪足的形成和肌动蛋白的调动会直接影响到血细胞的吞噬功能。本研究通过对CG7510突变体血细胞进行肌动蛋白染色，从而进一步说明血细胞吞噬功能下降的原因。从实验结果看，WT血细胞在受到病原体注射后伪足延展正常，表现为长丝状伪足，而且分布均匀（图2-4-6）。CG7510突变体血细胞伪足延展异常，表现为伪足短小，而且分布不均匀（图2-4-6）。因此，CG7510基因对果蝇血细胞伪足的形成产生抑制作用，从而导致了血细胞吞噬功能的降低。进一步证明了CG7510基因对于果蝇的天然免疫具有重要作用。

5.3 CG7510对果蝇血细胞发育的影响

经过长期的果蝇造血作用的研究，发现存在众多调节前体血细胞增殖和分化的信号通路。过表达果蝇JAK基因hop^{Tum-1}将引起前体血细胞的异常增殖从而在淋巴腺中产生黑色素瘤。随后相似的结论再一次得到证实，在人类的JAK/STAT信号异常的激活时会导致白血病的发生。除JAK/STAT信号通路外，Notch、Hg、Wnt以及JNK信号通路同样作为前体血细胞命运的重要调节者。Hg信号在幼虫一级淋巴腺叶片的PSC区维持前体血细胞的未分化状态。Notch信号通路对于脊椎动物的造血作用是十分保守的，尤其是在淋巴细胞中。在果蝇的淋巴腺中，Serrate介导PSC区

Notch 信号以维持 Col 正常水平的转录，从而保证 PSC 细胞的特性。此外 Notch 信号还决定着晶细胞在淋巴腺中的命运。Wnt 信号通路在 PSC 小生境中可同时促进前体血细胞的增殖，并且抑制前体血细胞的分化。因此，血细胞的发育维持正常状态是血细胞发挥天然免疫作用的前提。

本课题在进一步研究中，调查了 *CG*7510 突变体中血细胞发育相关基因的表达情况，其中包括 8 种基因，分别为 *ush*、*serrste*、*lozenge*、*Ras*、*hop*、*serprnt*、*pvf*2 和 *Raf*（图 2-4-7）。实验结果显示 *ush*、*serrste*、*lozenge*、*Ras*、*hop* 和 *serprnt* 在 *CG*7510 突变体中表达量明显升高。根据现有报道 *ush*、*serrate* 和 *lozenge* 3 种基因均可调节晶细胞分化，其中 *ush* 可抑制晶细胞的分化以及调节淋巴腺中前体血细胞的数量，*serrate* 位于 Notch 信号通路，而 *lozenge* 则是 Runx1 相关的转录因子；*Ras* 受 Raf/MAPK 信号调节，从而参与血细胞的分化，同时 hop jak 激酶也能通过激活 Raf 信号通路进而激活血细胞的分化；*serprnt* 能够编码 GATA 锌指蛋白并且在胚胎血细胞以及淋巴腺中都有表达，且参与前体血细胞的分化；PVF2 则是 PVR 的配体，它们主要控制胚胎和幼虫时期血细胞的分化和迁移，此外过表达 *pvf*2 将导致血细胞的过度分化以及蛹期的致死。因此，可推测 *CG*7510 基因对于晶细胞分化起到正调控的作用，而且对于前体血细胞的发育也具有一定的调节作用。

5.4 *CG*7510 新型突变体的构建

优良的突变体品种对于研究某种基因对于生物功能和生理机制是十分关键的，同时采用 P 因子切除技术对于获得目的基因表达量更低、表现型更明显、生理功能更突出以及基因间相互作用更易分析的突变体也是非常重要的。

自从 1982 年转基因技术引进 P 因子作为一种新型工具后，P 因子就为果蝇的遗传学研究做出了巨大贡献。随后一大批基于转座子的研究系统涌现，为遗传学以及基因组学提供了大量更权威、更灵敏的新技术手段。P 因子插入突变被普遍地应用于染色体从而使目的基因低表达或者用于筛选新型雄性重组体。P 因子还应用于酵母中的 FLP/FRT 技术中，该技术用于有丝分裂时有丝分裂克隆的标记，从而使其应用在生物发育的各个领域中得以传播。P因子还作为一种传统的诱变剂，特异的使果蝇的目的基因沉默。此外，基于FLP/FRT系统的载体已应用于全基因组，其中包括发育中的分子图谱重建以及复制手段。同时，这些传统的遗传学技术，已经在广泛的应用中得到新的发展。如增强子陷阱技术、基因标记技术、定向低表达技术、RNA干扰技术以及同源重组技术等。总之，大量的转座载体为果蝇生物学家提供了更便捷的手段，进而加速了发育生物学以及基因组科学各个领域的研究进程。

本研究通过应用P因子切除技术从而获得表达量更低的突变体。我们采用含有P因子插入突变体果蝇 *CG*7510 的处女蝇，使其与 P〔ry+△2-3〕Sb/TM6B, TB 雄果蝇进行杂交后，从其后代剔除P因子的过程。由于P因子剔除时会携带部分 *CG*7510 基因，因此达到获得新突变体的目的。通过提取筛选后果蝇的基因组DNA，通过PCR检测，获得了8种既不能复制 *CG*7510 DNA又不包含P因子DNA片段的突变体果蝇。然后经mRNA水平检测 *CG*7510 基因的表达量，进一步筛选到了3种mRNA表达水平较原有突变体低的新型果蝇，编号分别为29号、97号以及105号（图2-4-11）。但是是否为 *CG*7510 缺失的突变体或只是切除了部分P因子基因，需要进一步鉴定。

新的 *CG*7510 突变体构建完毕后，可以进一步研究该基因对果蝇天然免疫的影响，尤其在细胞发育方面，该基因低表达是表现为对于浆细胞肌动蛋白分布异常的现象，其中机理应需进一步深入研究。由此可见新型突变体对于未来的研究工作具有十分关键的作用。

5.5 结论

本研究是以黑腹果蝇作为研究对象，初步探讨了编码bHLH蛋白 *E*（*spl*）和 GPCRs 家族 *CG*7510 基因在天然免疫中的功能及作用，所得具体结论如下。

本研究通过注射感染革兰氏阴性菌 *Ecc*15 和真菌白僵菌，发现 *E*（*spl*）低表达时果蝇的天然免疫受到严重影响，生存明显率下降。然后我们从天然免疫的两个角度去分析生存率下降的原因，结果发现在体液免疫中，定量 PCR 结果显示存在 3 种抗菌肽的表达量明显下降，包括 *Dpt* 和 *CecA2*。据有关报道发现 *Dpt* 基因受到 STAT 和 Rel 的调节在体液免疫中发挥重要作用，研究表明在果蝇中低表 *Dpt* 达会引起对病原体抵抗的缺陷，从而引起生存率的降低，进而证明了本实验的结果的准确性。此外 *Dpt* 低表达还会引起蛹期发育的异常，据此可以推测由于 *E*（*spl*）基因的低表达在果蝇蛹期时即对果蝇的体液免疫受到严重影响。因此从体液免疫方向考虑，接下来我们应通过研究 *E*（*spl*）基因在 STAT 或 Rel 通路的作用进一步调查，该基因引起的抗菌肽表达量下降的原因，从而更好的阐明 Notch 信号途径中的成员与其他信号途径相互作用的焦点问题。在细胞免疫方面，通过实验表明 *E*（*spl*）基因低表达时会产生大量的无功能的浆细胞，该种细胞明不具备完好的清除病原体的功能，从而导致感染病原体时生存率的明显下降。从以上结论可以看出，该基因在血细胞的发育方面也存在重要的调节作用。可以从以下两方面进行更深入的探讨：第一，血细胞发育的功能缺失，从胚胎时期血细胞发育到幼虫时期淋巴腺内成熟直至释放到体液内的整个过程进行机制上的研究；第二，成熟后的血细胞，其自身的应激反应受到 *E*（*spl*）基因的影响，从而导致细胞迁移的障碍使其不能抵达感染部位进行吞噬作用。因此可以通过检测细胞骨架成分，如肌动蛋白的分布情况，进而确定是否存在该方面的影响。

Nocth 途径中的 *E*（*spl*）基因在天然免疫功能研究中还属空白，本研究为 Notch 途径在天然免疫的研究中开辟了新的方向，为 *E*（*spl*）基因的天然免疫功能提供了初步的理论基础，然而具体作用机理还需深入研究。

对于 *CG7510* 基因的研究中，采用了幼虫时期的噬菌作用观察，以及幼虫机体受到感染后血细胞的伪足形态观察。从而得出的结论为低表达 *CG7510* 基因，会导致血细胞对于机体内的病原体吞噬能力下降，并且影响肌动蛋白的伸展，从而阻碍机体对于病原体的清除能力。由于 CG7510 属于 G 蛋白偶联受体，据此可以推测 *CG7510* 基因编码的蛋白应定位于细胞膜，从而为研究得到的细胞膜肌动蛋白分布异常得到了一些解释。根据现有实验结果我们可以从两个方面进行深入研究：第一，血细胞的迁移主要靠肌动蛋白富集形成伪足样突起，依靠"附着'—"伸展"—"推动" 3 个步骤抵达感染部位吞噬病原体，因此伪足的形成对于细胞迁移是十分关键的。据研究表明，伪足的形成主要受 Pvr/Pvf 信号调节，本研究调查了 $pvf2$ 在 $CG7510$ 低表达突变体中的转录水平并未发现异常，然而 Pvr 存在 3 个配体，除 pvf2 外，还有 pvf1 和 pvf3 未经调查。可通过另外两种配体确定是否由于 $CG7510$ 下调而导致 Pvr/Pvf 信号通路的异常。第二，果蝇的机体炎症导致的细胞迁移依赖 PI3K 信号的调节，通过针对该信号通路进行深入研究判断是否由于传达炎症信号的障碍而导致无法诱导血细胞的迁移。

$CG7510$ 基因还未曾在任何报道中揭示其功能，通过本研究发现该基因对于细胞伪足的形成具有重要的调节作用，该基因的研究对于肿瘤的形成以及癌细胞的扩散具有理论指导意义。本研究从天然免疫方向出发，初步揭示了 $CG7510$ 基因对于免疫功能的重要作用，为进一步探索其工作机理打下了良好的理论。

利用 P 因子切除技术，获得了新的 $CG7510$ 基因的低表达突变体。该突变体比原有突变体 $CG7510$ 基因转录水平表达量更低。进而在未来的研究中，提供了更为有利的实验材料。

通过喂食果蝇 17 种食品添加剂，包含甜味剂、增稠剂、色素、防腐剂、膨松剂和调味剂等。通过喂食食品添加剂观察其对果蝇幼虫期、蛹期与成虫期的生长发育存在不同程度的影响，其中阿斯巴甜、甜蜜素、异麦芽酮糖、三氯蔗糖、卡拉胶、罗望子胶、海藻酸钠、焦糖色素、酒石酸氢钾和山梨酸钾显著抑制了果蝇的生长发育。表现为幼虫与蛹的体积变小、成虫体重下降、后代存活率降低以及爬行能力降低。因此，在食品工业中应用食品添加剂存在着一定的安全风险，为进一步使用食品添加剂规范提供理论参考。

参考文献

[1] Bodenstein D. The postembryonic development of Drosophila [J]. Biology of Drosophila, 1950.

[2] Ferris G F. External morphology of the adult [J]. 1950.

[3] Blair S S. Compartments and appendage development in Drosophila [J]. BioEssays, 1995, 17(4): 299-309.

[4] Blair S S. Imaginal discs [J]. In The Encyclopedia of Insects, 2009: 489-492.

[5] Mc Clure K D, Schubiger G. Developmental analysis and squamous morphogenesis of the peripodial epithelium in Drosophila imaginal discs [J]. Development, 132(22): 5033-5042.

[6] Atkins M, Mardon G. Signaling in the Third Dimension: The Peripodial Epithelium in Eye Disc Development introductions [J]. Dev Dyn, 2009, 238(9): 2139-2148.

[7] Fristrom D, Fristrom J. The metamorphic development of the adult epidermis [J]. development of drosophila melanogaster, 1993.

[8] Schubiger M, Palka J. Changing spatial patterns of DNA replication in the developing wing of Drosophila [J]. Dev Biol, 1987, 123(1): 145-153.

[9] Murray M A, Schubiger M, Palka J. Neuron differentiation and axon growth in the developing wing of Drosophila melanogaster [J]. Dev Biol, 1984, 104(2): 259-273.

[10] Fristrom D, Liebrich W. The hormonal coordination of cuticulin deposition and morphogenesis in Drosophila imaginal discs in vivo and in vitro [J]. Dev Biol, 1986, 114(1): 1-11.

[11] Mogensen M M, Tucker J B. Evidence for microtubule nucleation at plasma membrane-associated sites in Drosophila [J]. J Cell Sci, 1987,

88(Pt 1): 95-107.

［12］ Bainbridge S P, Bownes M. Ecdysteroid titers during Drosophila metamorphosis [J]. Insect Biochem, 1988, 18(2): 185-197.

［13］ Mitchell H K, Edens J, Petersen N S. Stages of cell hair construction in Drosophila [J]. Dev Genetics, 1990, 11(2): 133-140.

［14］ Mitchell H, Roach J, Petersen N S. The morphogenesis of cell hairs on Drosophila wings [J]. Dev Biol, 1983, 95(2): 387-398.

［15］ Mogensen M M, Tucker J B. Intermicrotubular actin filaments in the transalar cytoskeletal arrays of Drosophila [J]. J Cell Sci, 1988, 91 (Pt 3): 431-438.

［16］ Mogensen M M, Tucker J B, Stebbings H. Microtubule polarities indicate that nucleation and capture of microtubules occurs at cell surfaces in Drosophila [J]. J Cell Biol, 1989, 108(4): 1445-1452.

［17］ Johnson S A, Milner M J. The final stages of wing development in Drosophila melanogaster [J]. Tissue and Cell, 1987, 19(4): 505-513.

［18］ Kiger J A Jr, Natzle J E, Kimbrell D A, et al. Tissue remodeling during maturation of the Drosophila wing [J]. Dev Biol, 2007, 301 (1): 178-191.

［19］ de Celis J F, Diaz-Benjumea F J. Developmental basis for vein pattern variations in insect wings [J]. Int J Dev Biol, 2003, 47(7-8): 653-663.

［20］ Biehs B, Sturtevant M A, Bier E. Boundaries in the Drosophila wing imaginal disc organize vein-specific genetic programs [J]. Development, 1998, 125(21): 4245-4257.

［21］ Palsson A, Gibson G. Quantitative developmental genetic analysis reveals that the an-cestral dipteran wing vein prepattern is conserved in Drosophila melanogaster [J]. Dev Genes Evol, 2000, 210(12): 617-622.

［22］ Blair S S. Wing Vein Patterning in Drosophila and the Analysis of Intercellular Signaling [J]. Annu Rev Cell Dev Biol., 2007, 23: 293-319.

[23] Postlethwait J H. Clonal analysis of Drosophila cuticular patterns [J]. Genetics & Biology of Drosophila, 1978.

[24] Allen, Shearn. Mutational Dissection of Imaginal Disc Development in Drosophila melanogaster [J]. Amer Zool, 1977.

[25] Bate M, Martinez Arias A. The embryonic origin of imaginal discs in Drosophila [J]. Development, 1991, 112(3): 755-761.

[26] Cohen B, Wimmer E, Cohen S M. Early development of leg and wing primordia in the Drosophila embryo [J]. Mech Dev, 1991, 33(3): 229-240.

[27] Spemann H, Mangold H. Induction of embryonic primordia by implantation of organizers from a different species [J]. Int J Dev Biol, 2001, 45(1): 13-38.

[28] 欧俊, 郑思春, 冯启, 等. 果蝇翅原基发育分化的主要过程及分子机理 [J]. 昆虫学报, 2013, 56(8): 971-924.

[29] Blair S S. Lineage compartments in Drosophila [J]. Curr Biol, 2003, 13(14): R548-551.

[30] Dahmann C, Basler K. Compartment boundaries: at the edge of development [J]. Trends Genet, 1999, 15(8): 320-326.

[31] Irvine K D, Rauskolb C. Boundaries in development formation and function [J]. Annu Rev Cell Dev Biol, 2001, 17: 189-214.

[32] Tepass U, Godt D, Winklbauer R. Cell sorting in animal development: signalling and adhesive mechanisms in the formation of tissue boundaries [J]. Curr Opin Genet Dev, 2002, 12(5): 572-582.

[33] Pastor-Pareja J C, Grawe F, Martin-Blanco E, et al. Invasive cell behavior during Drosophila imaginal disc eversion is mediated by the JNK signaling cascade [J]. Dev Cell, 2004, 7(3): 387-399.

[34] Jaźwińska A, Kirov N, Wieschaus E, et al. The Drosophila gene brinker reveals a novel mechanism of Dpp target gene regulation [J]. Cell, 1999, 96(4): 563-573.

[35] Nienhaus U, Aegerter-Wilmsen T, Aegerter C M. In-vivo imaging of the Drosophila wing imaginal disc over time: novel insights on growth

and boundary formation [J]. PLoS ONE, 2012, 7(10): e47594.

[36] Morata G, Lawrence P A. Control of compartment development by the engrailed gene in Drosophila [J]. Nature, 1975, 255(5510): 614-617.

[37] Garcia-Bellido A, Morata G, Ripoll P. Developmental compartmentalization of the wing disk of Drosophila [J]. Nature New Biol, 1973, 245: 251-253.

[38] Garcia-Bellido A, Ripoll P, Morata G. Developmental compartmentalization in the dorsal mesothoracic disc of Drosophila [J]. Dev Biol, 1976, 48(1): 132-147.

[39] Bryant P J. Cell lineage relationships in the imaginal wing disc of Drosophila melanogaster [J]. Dev Biol, 1970, 22(3): 389-411.

[40] Lawrence P A, Struhl G. Further studies of the engrailed phenotype in Drosophila [J]. EMBO J, 1982, 1(7): 827-833.

[41] Coleman K G, Poole S J, Weir M P, et al. The invected gene of Drosophila: Sequence analysis and expression studies reveal a close kinshipto the engrailed gene [J]. Genes Dev, 1987, 1(1): 19-28.

[42] Garcia-Bellido A. Genetic control of wing disc development in Drosophila [J]. Ciba Found Symp, 1975, 0(29): 161-182.

[43] Blair SS. Mechanisms of compartment formation: evidence that non-proliferating cells do not play a critical role in defining the D/V lineage restriction in the developing wing of Drosophila [J]. Development, 1993, 119(2): 339-351.

[44] Klein T. Wing disc development in the fly: the early stages [J]. Curr Opin Genet Dev, 2011, 11(4): 470-475.

[45] Poole S J, Kauvar L M, Drees B, et al. The engrailed locus of Drosophila: structural analysis of an embryonic transcript [J]. Cell, 1985, 40: 37-43.

[46] Lawrence P A, Morata G. Homeobox genes: their function in Drosophila segmentation and pattern formation [J]. Cell, 1994, 78(2): 181-189.

[47] Hidalgo A. Three distinct roles for theengrailed gene in Drosophila

wing development [J]. Curr Biol, 1994, 4(12): 1087-1098.

[48] Guillen I, Mullor J L, Capdevila J, et al. The function of engrailed and the specification of Drosophila wing pattern [J]. Development, 1995, 121(10): 3447-3456.

[49] Sanicola M, Sekelsky J, Elson S, et al. Drawing a stripe in Drosophila imaginal disks: negative regulation of decapentaplegic and patched expression by engrailed [J]. Genetics, 1995, 139(2): 745-756.

[50] Simmonds A J, Brook W J, Cohen S M, et al. Distinguish able functions for engrailed and invected in anterior-posterior patterning in the Drosophila wing [J]. Nature, 1995, 376(6539): 424-427.

[51] Minami M, Kinoshita N, Kamoshida Y, et al. brinker is a target of Dpp in Drosophila that negatively regulates Dpp dependent genes [J]. Nature, 1999, 398(6724): 242-246.

[52] Lee J J, von Kessler D P, Parks S, et al. Secretion and localized transcription suggest a role in positional signaling for products of the segmentation gene hedgehog [J]. Cell, 1992, 71(1): 33-50.

[53] Mohler J, Vani K. Molecular organization and embryonic expression of thehedgehog gene involved in cell-cell communication in segmental patterning of Drosophila [J]. Development, 1992, 115(4): 957-971.

[54] Tabata T, Kornberg T B. Hedgehog is a signaling protein with a key role in patterningDrosophila imaginal discs [J]. Cell, 1994, 76(1): 89-102.

[55] Torroja C, Gorfinkiel N, Guerrero I. Mechanisms of Hedgehog gradient formation and interpretation [J]. J Neurobiol, 2005, 64: 334-356.

[56] Basler K, Struhl G. Compartmentboundaries and the control of Drosophila limb pattern by hedgehog protein [J]. Nature, 1994, 368(6468): 208-214.

[57] Padgett R W, St Johnston R D, Gelbart W M. A transcript from a Drosophila pattern gene predicts a protein homologous to the transforming growth factor-beta family [J]. Nature, 1987, 325(6099): 81-84.

[58] Masucci J D, Miltenberger R J, Hoffmann F M. Pattern-specific expression of the Drosophila decapentaplegic gene in imaginal disks is regulated by 3′cis-regulatory elements [J]. Genes Dev, 1990, 4(11): 2011-2023.

[59] Diaz-Benjumea F J, Cohen S M. Interaction between dorsal and ventral cells in the imaginal disc directs wing development in Drosophila [J]. Cell, 1993, 75(4): 741-752.

[60] Williams J A, Paddock S W, Carroll S B. Pattern formation in a secondary field: a hierarchy of regulatory genes subdivides the developing Drosophila wing disc into discrete subregions [J]. Development, 1993, 117(2): 571-584.

[61] BlairS S, Brower D L, Thomas J B, et al. The role of apterous in the control of dorso-ventral compartmentalization and PS integrin gene expression in the developing wing of Drosophila [J]. Development, 1994, 120(7): 1805-1815.

[62] Fortini M E. Developmental biology: Fringe benefits to carbohydrates [J]. Nature, 2000, 406(6794): 357-358.

[63] Irvine K D, Rauskolb C. Boundaries in development: formation and function [J]. Annu Rev Cell Dev Biol, 2001, 17: 189-214.

[64] Hatini V, Kula-Eversole E, Nusinow D, et al. Essential roles for stat92E in expanding and patterning the proximo-distal axis of the Drosophila wing imaginal disc [J]. Dev Biol, 2003, 378(1): 38-50.

[65] Schneitiz K, Spielmann P, Noll M. Molecular genetics of Aristaless, a prd-type homeobox gene involved in the morphogenesis of proximal and distal pattern elements in a subset of appendages in Drosophila [J]. Genes Dev, 1993, 7(1): 114-129.

[66] Terriente J, Perea D, Suzanne M, et al. The Drosophila gene zfh2 is required to establish proximal-distal domains in the wing disc [J]. Dev Biol, 2000, 320(1): 102-112.

[67] Ayers K L, Gallet A, Staccini-Lavenant L, et al. The Long-Range Activity of Hedgehog Is Regulated in the Apical Extracellular Space

by the Glypican Dally and the Hydrolase Notum [J]. Dev Cell, 2010, 18(4): 605-620.

[68] Callejo A, Bilioni A, Mollica E, et al. Dispatched mediates Hedgehog basolateral release to form the long-range morphogenetic gradient in the Drosophila wing disk epithelium [J]. Proc Natl Acad Sci USA, 2011, 108(31): 12591-12598.

[69] Bilioni A, Sanchez-Hernandez D, Callejo A, et al. Balancing Hedgehog, a retention and release equilibrium given by Dally, Ihog, Boi and shifted/DmWif [J]. Dev Biol, 2013, 376(2): 198-212.

[70] Mann R K, Beachy P A. Novel lipid modifications of secreted protein signals [J]. Annu Rev Biochem, 2004, 73: 891-923.

[71] Porter J A, Young K E, Beachy P A. Cholesterol modification of hedgehog signaling proteins in animal development [J]. Science, 1996, 274(5285): 255-259.

[72] Porter J A, Ekker S C, Park W J, et al. Hedgehog Patterning Activity: Role of a Lipophilic Modification Mediated by the Carboxy-Terminal Autoprocessing Domain [J]. Cell, 1996, 86(1): 21-34.

[73] Guerrero I, Chiang C. A conserved mechanism of Hedgehog gradient formation by lipid modifications [J]. Trends Cell Biol, 2007, 17(1): 1-5.

[74] Chen M H, Li Y J, Kawakami T, et al. Palmitoylation is required for the production of a soluble multimeric Hedgehog protein complex and long-range signaling in vertebrates [J]. Genes Dev, 2004, 18(6): 641-659.

[75] Goetz J A, Singh S, Suber L M, et al. A Highly Conserved Amino-terminal Region of Sonic Hedgehog Is Required for the Formation of Its Freely Diffusible Multimeric Form [J]. J Biol Chem, 2006, 281(7): 4087-4093.

[76] Gallet A, Ruel L, Staccini-Lavenant L, et al. Cholesterol modification is necessary for controlled planar long-range activity of Hedgehog in Drosophila epithelia [J]. Development, 2006, 133(3): 407-418.

[77] Zeng X, Goetz J A, Suber L M, et al. A freely diffusible form of Sonic hedgehog mediates long-range signalling [J]. Nature, 2001, 411 (6838): 716-720.

[78] Tanaka Y, Okada Y, Hirokawa N. FGF-induced vesicular release of Sonic hedgehog and retinoic acid in leftward nodal flow is critical for left-right determination [J]. Nature, 2005, 435(7039): 172-177.

[79] Eugster C, Panakova D, Mahmoud A, et al. Lipoprotein-Heparan Sulfate Interactions in the Hh Pathway [J]. Dev Cell, 2007, 13 (1): 57-71.

[80] Ramirez-Weber F A, Kornberg T B. Cytonemes: cellular processes that project to the principal signaling center in Drosophila imaginal discs [J]. Cell, 1999, 97(5): 599-607.

[81] Price M A, Kalderon D. Proteolysis of the Hedgehog Signaling Effector Cubitus interruptus Requires Phosphorylation by Glycogen Synthase Kinase 3 and Casein Kinase 1 [J]. Cell, 2002, 108(6): 823-835.

[82] Yao Z, Han L, Chen Y, et al. Hedgehog signalling in the tumourigenesis and metastasis of osteosarcoma, and its potential value in the clinical therapy of osteosarcoma [J]. Cell Death Dis, 2018, 9(6): 701.

[83] Chen Y, Cardinaux J R, Goodman R H, et al. Mutants of cubitus interruptus that are independent of PKA regulation are independent of hedgehog signaling [J]. Development, 1999, 126(16): 3607-3616.

[84] Jia J, Amanai K, Wang G, et al. Shaggy/GSK3 antagonizes Hedgehog signalling by regulating Cubitus interruptus [J]. Nature, 2002, 416 (6880): 548-552.

[85] Price M A, Kalderon D. Proteolysis of Cubitus interruptus in Drosophila requires phosphorylation by protein kinase A [J]. Development, 1999, 126(19): 4331 4339.

[86] Wang G, Wang B, Jiang J. Protein kinase A antagonizes Hedgehog signaling by regulating both the activator and repressor forms of Cubitus interruptus [J]. Genes Dev, 1999, 13(21): 2828-2837.

[87] Smelkinson M G, Kalderon D. Processing of the Drosophila Hedgehog Signaling Effector Ci-155 to the Repressor Ci-75 Is Mediated by Direct Binding to the SCF Component Slimb [J]. Curr Biol, 2006, 16(1): 110-116.

[88] Smelkinson M G, Zhou Q, Kalderon D. Regulation of Ci – SCF^{Slimb} Binding, Ci Proteolysis, and Hedgehog Pathway Activity by Ci Phosphorylation [J]. Dev Cell, 2007, 13(4): 481-495.

[89] Jiang J, Struhl G. Regulation of the Hedgehog and Wingless signalling pathways by the F-box/WD40-repeat protein Slimb [J]. Nature, 1998, 391(6666): 493-496.

[90] Aza-Blanc P, Ramirez-Weber F A, Laget M P, et al. Proteolysis that is inhibited by hedgehog targets Cubitus interruptus protein to the nucleus and converts it to a repressor [J]. Cell, 1997, 89(7): 1043-1053.

[91] Robbins D J, Nybakken K E, Kobayashi R, et al. Hedgehog Elicits Signal Transduction by Means of a Large Complex Containing the Kinesin-Related Protein Costal2 [J]. Cell, 1997, 90(2): 225-234.

[92] Liu Y, Cao X, Jiang J, et al. Fused-Costal2 protein complex regulates Hedgehog-induced Smo phosphorylation and cell-surface accumulation [J]. Genes Dev, 2007, 21(15): 1949-1963.

[93] Stegman M A, Vallance J E, Elangovan G, et al. Identification of a Tetrameric Hedgehog Signaling Complex [J]. J Biol Chem, 2000, 275(29): 21809-21812.

[94] Zhou Q, Kalderon D. Costal 2 interactions with Cubitus interruptus (Ci) underlying Hedgehog-regulated Ci processing [J]. Dev Biol, 2010, 348(1): 47-57.

[95] Zhang W, Zhao Y, Tong C, et al. Hedgehog-Regulated Costal2-Kinase Complexes Control Phosphorylation and Proteolytic Processing of Cubitus Interruptus [J]. Dev Cell, 2005, 8: 267-278.

[96] Farzan S F, Ascano Jr M, Ogden S K, et al. Costal2 Functions as a

Kinesin-like Protein in the Hedgehog Signal Transduction Pathway [J]. Curr Biol, 2008, 18: 1215-1220.

[97] Sisson J C, Ho K S, Suyama K, Scott M P. Costal2, a Novel Kinesin-Related Protein in the Hedgehog Signaling Pathway [J]. Cell, 1997, 90: 235-245.

[98] Taipale J, Cooper M K, Maiti T, Beachy P A. Patched acts catalytically to suppress the activity of Smoothened [J]. Nature, 2002, 418: 892-897.

[99] Alcedo J, Ayzenzon M, Von Ohlen T, Noll M, Hooper J E. The Drosophila smoothened gene encodes a seven-pass membrane protein, a putative receptor for the hedgehog signal [J]. Cell, 1996, 86: 221-232.

[100] van den Heuvel M, Ingham P W. Smoothened encodes a receptor-like serpentine protein required for hedgehog signaling [J]. Nature, 1996, 382: 547-551.

[101] Denef N, Neubuser D, Perez L, Cohen S M. Hedgehog Induces Opposite Changes in Turnover and Subcellular Localization of Patched and Smoothened [J]. Cell, 2000, 102: 521-531.

[102] Jia J, Tong C, Wang B, Luo L, Jiang J. Hedgehog signalling activity of Smoothened requires phosphorylation by protein kinase A and casein kinase I [J]. Nature, 2004, 432: 1045-1050.

[103] Zhang C, Williams E H, Guo Y, Lum L, Beachy P A. Inaugural Article: Extensive phosphorylation of Smoothened in Hedgehog pathway activation [J]. Proc Natl Acad Sci USA, 2004, 101: 17900-17907.

[104] Apionishev S, Katanayeva N M, Marks S A, Kalderon D, Tomlinson A. Drosophila Smoothened phosphorylation sites essential for Hedgehog signal transduction [J]. Nat Cell Biol, 2005, 7: 86-92.

[105] Zhao Y, Tong C, Jiang J. Hedgehog regulates smoothened activity by inducing a conformational switch [J]. Nature, 2007, 450: 252-258.

[106] Zhu A J, Zheng L, Suyama K, Scott M P. Altered localization of Drosophila Smoothened protein activates Hedgehog signal transduction

[J]. Genes Dev, 2003 17: 1240-1252.

[107] Shi Q, Li S, Jia J, Jiang J. The Hedgehog-induced Smoothened conformational switch assembles a signaling complex that activates Fused by promoting its dimerization and phosphorylation [J]. Development, 2011, 138: 4219-4231.

[108] Zhang Y, Mao F, Lu Y, Wu W, Zhang L, Zhao Y. Transduction of the Hedgehog signal through the dimerization of Fused and the nuclear translocation of Cubitus interruptus [J]. Cell Res, 2011, 21: 1436-1451.

[109] Zhou Q, Kalderon D. Hedgehog Activates Fused through Phosphorylation to Elicit a Full Spectrum of Pathway Responses [J]. Dev Cell, 2011, 20: 802-814.

[110] Ruel L, Rodriguez R, Gallet A, Lavenant-Staccini L, Therond P P. Stability and association of Smoothened, Costal2 and Fused with Cubitus interruptus are regulated by Hedgehog [J]. Nat Cell Biol, 2003, 5: 907-913.

[111] Ruel L, Gallet A, Raisin S, Truchi A, Staccini-Lavenant L, Cervantes A, Therond P P. Phosphorylation of the atypical kinesin Costal2 by the kinase Fused induces the partial disassembly of the Smoothened-Fused-Costal2-Cubitus interruptus complex in Hedgehog signaling [J]. Development, 2007, 134: 3677-3689.

[112] Ohlmeyer J T, Kalderon D. Hedgehog stimulates maturation of Cubitus interruptus into a labile transcriptional activator [J]. Nature, 1998, 396: 749-753.

[113] Monnier V, Dussillol F, Alves G, Lamour-Isnard C, Plessis A. Suppressor of fused links Fused and Cubitus interruptus on the Hedgehog signalling pathway [J]. Curr Biol, 1998, 8: 583-586.

[114] Methot N, Basler K. Suppressor of fused opposes hedgehog signal transduction by impeding nuclear accumulation of the activator form of Cubitus interruptus [J]. Development, 2000, 127: 4001-4010.

[115] Wang G, Amanai K, Wang B, Jiang J. Interactions with Costal2 and

Suppressor of fused regulate nuclear translocation and activity of Cubitus interruptus [J]. Genes Dev, 2000, 14: 2893-2905.

[116] Lefers MA, Wang Q T, Holmgren R A. Genetic Dissection of the Drosophila Cubitus interruptus Signaling Complex [J]. Dev Biol, 2001, 236: 411-420.

[117] Methot N, Basler K. An absolute requirement for Cubitus interruptus in Hedgehog signaling [J]. Development, 2001, 128: 733-742.

[118] Ayers K L, Gallet A, Staccini-Lavenant L, Therond P P. The Long-Range Activity of Hedgehog Is Regulated in the Apical Extracellular Space by the Glypican Dally and the Hydrolase Notum [J]. Dev Cell, 2010, 18: 605-620.

[119] Motzny C K, Holmgren R. The Drosophila cubitus interruptus protein and its role in the wingless and hedgehog signal transduction pathways [J]. Mech Dev, 1995, 52: 137-150.

[120] Strigini M, Cohen S M. A Hedgehog activity gradient contributes to AP axial patterning of the Drosophila wing [J]. Development, 1997, 124: 4697-4705.

[121] Mullor J L, Calleja M, Capdevila J, GuerreroI. Hedgehog activity, independent of decapentaplegic, participates in wing disc patterning [J]. Development, 1997, 124: 1227-1237.

[122] Capdevila J, Guerrero I. Targeted expression of the signaling molecule decapentaplegic induces pattern duplications and growth alterations in Drosophila wings [J]. EMBO J., 1994, 13: 4459-4468.

[123] Methot N, Basler K. Hedgehog controls limb development by regulating the activities of distinct transcriptional activator and repressor forms of Cubitus interruptus [J]. Cell, 1999, 96: 819-831.

[124] Raftery L A, Sanicola M, Blackman R K, et al. The relationship of decapentaplegic and engrailed expression in Drosophila imaginal disks: do these genes mark the anterior-posterior compartment boundary [J]. Development, 1991, 113(1): 27-33.

[125] Muller B, Basler K. The repressor and activator forms of Cubitus

interruptus control Hedgehog target genes through common generic Gli-binding sites [J]. Development, 2000, 127(14): 2999-3007.

[126] de Celis J F, Barrio R. Function of the spalt/spalt-related gene complex in positioning the veins in the Drosophila wing [J]. Mech Dev, 2000, 91(1-2): 31-41.

[127] Sanicola M, Sekelsky J, Elson S, et al. Drawing a Stripe in Drosophila Imaginal Disks: Negative Regulation of decapentaplegic and patched Expression by engrailed [J]. Genetics, 1995, 139(2): 745-756.

[128] Parker L, Stathakis D G, Arora K. Regulation of BMP and activin signaling in Drosophila [J]. Prog Mol Subcell Biol, 2004, 34: 73-101.

[129] Pyrowolakis G, Hartmann B, Affolter M. A simple molecular complex mediates widespread BMP-induced repression during Drosophila development [J]. Dev Cell, 2004, 7(2): 229-40.

[130] Burke R, Basler K. Dpp receptors are autonomously required for cell proliferation in the entire developing Drosophila wing [J]. Development, 1996, 122(7): 2261-2269.

[131] Zecca M, Basler K, Struhl G. Sequential organizing activities of engrailed, hedgehog and decapentaplegic in the Drosophila wing [J]. Development, 1995, 121(8): 2265-2278.

[132] Campbell G, Tomlinson A. Transducing the Dpp morphogen gradient in the wing of Drosophila: regulation of Dpp targets by brinker [J]. Cell, 1999, 96(4): 553-562.

[133] Jaźwińska A, Kirov N, Wieschaus E, et al. The Drosophila gene brinker reveals a novel mechanism of Dpp target gene regulation [J]. Cell, 1999, 96(4): 563-573.

[134] Upadhyai P, Campbell G. Brinker possesses multiple mechanisms for repres-sion because its primary co-repressor, Groucho, may be unavailable in some cell types [J]. Development, 2013, 140(20): 4256-4265.

[135] Winter S E, Campbell G. Repression of Dpp targets in the Drosophila

wing by Brinker [J]. Development, 2004, 131(24): 6071-6081.

[136] Hasson P, Muller B, Basler K, et al. Brinker requires two corepressors for maximal and versatile repression in Dpp signalling [J]. EMBO J, 2001, 20(20): 5725-5736.

[137] Jazwinska A, Rushlow C, Roth S. The role of brinker in mediating the graded response to Dpp in early Drosophila embryos [J]. Development, 1999, 126(15): 3323-3334.

[138] Lin M C, Park J, Kirov N, et al. Threshold response of C15 to the Dpp gradient in Drosophila is established by the cumulative effect of Smad and Zen activators and negative cues [J]. Development, 2006, 133(24): 4805-4813.

[139] Rushlow C, Colosimo P F, Lin M C, et al. Transcriptional regulation of the Drosophila gene zen by competing Smad and Brinker inputs [J]. Genes Dev, 2001, 15(3): 340-351.

[140] Xu M, Kirov N, Rushlow C. Peak levels of BMP in the Drosophila embryo control target genes by a feed-forward mechanism [J]. Development, 2005, 132(7): 1637-1647.

[141] Markstein M, Zinzen R, Markstein P, et al. A regulatory code for neurogenic gene expression in the Drosophila embryo [J]. Development, 2004, 131(10): 2387-2394.

[142] Wharton S J, Basu S P, Ashe H L. Smad affinity can direct distinct read-outs of the embryonic extracellular Dpp gradient in Drosophila [J]. Curr Biol, 2004, 14(17): 1550-1558.

[143] 雷锦誌. 果蝇翅膀器官芽中Dpp浓度梯度形成的数学模型 [J]. 科学通报, 2010(11): 8.

[144] Ashe H L, Briscoe J. The interpretation of morphogen gradients [J]. Development, 2006, 133(3): 385-394.

[145] Chen H, Xu Z, Mei C, et al. A system of repressor gradients spatially organizes the boundaries of Bicoid-dependent target genes [J]. Cell, 2012, 149(3): 618-629.

[146] Gafner L, Dalessi S, Escher E, et al. Manip-ulating the sensitivity

of signal - induced repression: quantification and consequences of altered brinker gradients [J]. PLoS ONE, 2013, 8(8): e71224.

[147] Marty T, Muller B, Basler K, et al. Schnurri mediates Dpp - dependent repression of brinker transcription [J]. Nat Cell Biol, 2000, 2(10): 745-749.

[148] Muller B, Hartmann B, Pyrowolakis G, et al. Conversion of an extracellular Dpp/BMP morphogen gradient into an inverse transcriptional gradient [J]. Cell, 2003, 113(2): 221-233.

[149] Yao L C, Phin S, Cho J, et al. Multiple modular pro- moter elements drive graded brinker expression in response to the Dpp morphogen gradient [J]. Development, 2008, 135(12): 2183-2192.

[150] Torres-Vazquez J, Park S, Warrior R, et al. The transcription factor Schnurri plays a dual role in mediating Dpp signaling during embryogenesis [J]. Development, 2001, 128(9): 1657-1670.

[151] Arora K, Dai H, Kazuko S G, et al. The Drosophila schnurri gene acts in the Dpp/TGF beta signaling pathway and encodes a transcription factor homologous to the human MBP family [J]. Cell, 1995, 81(5): 781-790.

[152] Grieder N C, Nellen D, Burke R, et al. Schnurri is required for Drosophila Dpp signaling and encodes a zinc finger protein similar to the mammalian transcription factor PRDII-BF1 [J]. Cell, 1995, 81(5): 791-800.

[153] Pyrowolakis G, Hartmann B, Muller B, et al. A simple molecular complex mediates widespread BMP - induced repression during Drosophila development [J]. Dev Cell, 2004, 7(2): 229-240.

[154] Staehling-Hampton K, Laughon A S, Hoffmann F M. A Drosophila protein related to the human zinc finger transcription factor PRDII/MBPI/HIV - EP1 is required for dpp signaling [J]. Development, 1995, 121(10): 3393-3403.

[155] Moser M, Campbell G. Generating and interpreting the Brinker gradient in the Drosophila wing [J]. Dev Biol, 2005, 286(2):

647-658.

[156] Gao S, Steffen J, Laughon A. Dpp-responsive silencers are bound by a trimeric Mad – Medea complex [J]. J Biol Chem, 2005, 280: 36158-36164.

[157] Weiss A, Charbonnier E, Ellertsdottir E, Tsirigos A, Wolf C, Schuh R. A con- served activation element in BMP signaling during Drosophila development [J]. Nat Struct Mol Biol, 2010, 17: 69-76.

[158] Tsuneizumi K, Nakayama T, Kamoshida Y, Kornberg T B, Christian J L, Tabata T. Daughters against dpp modulates dpp organizing activity in Drosophila wing development [J]. Nature, 1997, 389: 627-631.

[159] Gao S, Laughon A. Flexible interaction of Drosophila Smad complexes with bipartite binding sites [J]. Biochim Biophys Acta, 2007, 1769: 484-496.

[160] Affolter M, Basler K. The Decapentaplegic morphogen gradient: from pattern formation to growth regulation [J]. Nat Rev Genet, 2007, 8: 663-674.

[161] de Celis J F, Barrio R, Kafatos F C. A gene complex acting downstream of dpp in Drosophila wing morphogenesis [J]. Nature, 1996, 381: 421-424.

[162] de Celis J F, Barrio R. Function of the spalt/spalt – related gene complex in posi-tioning the veins in the Drosophila wing [J]. Mech Dev, 2000, 91: 31-41.

[163] Cook O, Biehs B, Bier E. brinker and optomotor-blind act coordinately to initiate development of the L5 wing vein primordium in Drosophila [J]. Development, 2004, 131: 2113-2124.

[164] Sturtevant M A, Biehs B, Marin E, Bier E. The spalt gene links the A/P com-partment boundary to a linear adult structure in the Drosophila wing [J]. Development, 1997, 124: 21-32.

[165] Biehs B, Sturtevant M A, Bier E. Boundaries in the Drosophila wing imaginal disc organize vein-specific genetic programs [J]. Development, 1998, 125: 4245-4257.

[166] Milán M, Pérez L, Cohen S M. Short-range cell interactions and cell survival in the Drosophila wing [J]. Dev Cell, 2002, 2: 797-805.

[167] Gibson M C, Perrimon N. Extrusion and death of DPP/BMP-compromised epithelial cells in the developing Drosophila wing [J]. Science, 2005, 307: 1785-1789.

[168] Restrepo S, Zartman J J, Basler K. Coordination of patterning and growth by the morphogen DPP [J]. Curr Biol, 2014, 24(6): R245-255.

[169] Shen J, Dahmann C, Pflugfelder G O. Spatial discontinuity of optomotor-blind expression in the Drosophila wing imaginal disc disrupts epithelial architecture and promotes cell sorting [J]. BMC Dev Biol, 2010, 10: 23.

[170] Organista M F, De Celis J F. The Spalt transcription factors regulate cell prolif-eration, survival and epithelial integrity downstream of the Decapentaplegic signalling pathway [J]. Biol Open, 2013, 2(1): 37-48.

[171] Zhang X, Luo D, Pflugfelder G O, et al. Dpp signaling inhibits proliferation in the Drosophila wing by Omb-dependent regional control of bantam [J]. Development, 2013, 140(14): 2917-2922.

[172] Rijsewijk F, Schuermann M, Wagenaar, et al. The Drosophila homologue of the mouse mammary oncogene int-1 is identical to the segment polarity gene wingless [J]. Cell, 1987, 50(4): 649-657.

[173] Ingham P. Segment polarity genes and cell patterning within the Drosophila body segment [J]. Curr Op Genet Dev, 1991, 1(2): 261-267.

[174] Hooper J E, Scott M P. The molecular genetic basis of positional information in insect segments [J]. Results Probl Cell Differ, 1992, 18: 1-48.

[175] Peifer M, Bejsovec A. Knowing your neighbors: Cell interactions determine intrasegmental patterning in Drosophila [J]. Trends in Genetics, 1992, 8(7): 243-249.

[176] Nusse, R, Varmus H. Wnt genes [J]. Cell, 1992, 69(7): 1073-1087.

[177] Noordermeer J, Johnston P, Rijsewijk F, et al. The consequences of ubiquitous expression of the wingless gene in the Drosophila embryo [J]. Development, 1992, 116: 711-719.

[178] Struhl G, Basler K. Organizing activity of the Wingless protein in Drosophila [J]. Cell, 1993, 72(4): 527-540.

[179] Tsukamoto A, Grosschedl R, Guzman R, et al. Expression of the int-1 gene in transgenic mice is associated with mammary gland hyperplasia and adenocarcinomas in male and female mice [J]. Cell, 1988, 55(4): 619-625.

[180] Moon R. In pursuit of the functions of the Wnt family of developmental regulators: insights from Xenopus laevis [J]. BioEssays, 1993, 15(2): 91-97.

[181] Ingham P W, Martinez Arias A. Boundaries and fields in early embryos [J]. Cell, 1992, 68(2): 221-235.

[182] Patel N, Schafer B, Goodman C, et al. The role of segment polarity genes during Drosophila neurogenesis [J]. Genes Dev, 1989, 3(6): 890-904.

[183] González F, Swales L, Bejsovec A, et al. Secretion and movement of wingless protein in the epidermis of the Drosophila embryo [J]. Mech Dev, 1991, 35(1): 43-54.

[184] Baker N E. Embryonic and imaginal requirements for wingless, a segment-polarity gene in Drosophila [J]. Dev Biol, 1988, 125(1): 96-108.

[185] Couso J P, Bate M, Martinez-Arias A. A wingless-dependent polar coordinate system in Drosophila imaginal discs [J]. Science, 1993, 259(5094): 484-489.

[186] Bejsovec A, Martinez-Arias A. Roles of wingless in patterning the larval epidermis of Drosophila [J]. Development, 1991, 113(2): 471-485.

[187] Cohen, S. Specification of limb development in the Drosophila embryo by positional cues from segmentation genes [J]. Nature, 1990, 343(6254): 173-177.

[188] Couso J P, Bate M, Martinez-Arias A. A wingless-dependent polar coordinate system in Drosophila imaginal discs [J]. Science, 1993, ; 259(5094): 484-489.

[189] Klingensmith J, Perrimon N. Segment polarity genes and intercellular communication in Drosophila [J]. 1991. s.

[190] Martinez Arias A. Development and patterning of the larval epidermis of drosophila [J]. 1993.

[191] Riggleman R, Schedl P, Wieschaus E. Expression of the Drosophila segment polarity gene armadillo is posttranscriptionally regulated by wingless [J]. Cell, 1990, 63(3): 549-560.

[192] Perrimon N, Smouse D. Multiple functions of a Drosophila homeotic gene zeste white 3 during segmentation and neurogenesis [J]. Dev Biol, 1989, 135(2): 287-305.

[193] Peifer M, Wieschaus E. The segment polarity gene armadillo encodes a functionally modular protein that is the Drosophila homolog of human plakoglobin [J]. Cell, 1990, 63(6): 1167-1178.

[194] Bourouis M, Moore P, Ruel L, et al. An early embryonic product of the gene shaggy encodes a serine/threonine protein kinase related to the CDC28/cdc2 subfamily [J]. EMBO J, 1990, 9(9): 2877-2884.

[195] Siegfried E, Perkins L A, Capaci T M, et al. Putative protein kinase product of the Drosophila segment-polarity gene zestewhite3 [J]. Nature, 345(6278): 825-829.

[196] Siegfried E, Chou T, Perrimon N. wingless signalling acts through zeste-white 3, the Drosophila homologue of glycogen synthase kinase 3, to regulate engrailed and establish cell fate [J]. Cell, 1992, 71(7): 1167-1179.

[197] Peifer M, Rauskolb C, Williams M, et al. The segment polarity gene armadillo interacts with the wingless signaling pathway in both

embryonic and adult pattern formation [J]. Development. 1991, 111 (4): 1029-1043.

[198] Perrimon N, Mahowald A P. Multiple functions of segmentpolarity genes in Drosophila [J]. Dev Biol, 1987, 119(2): 587-600.

[199] Prado J M D. Stripes of positional homologies across the wing blade of Drosophila melanogaster [J]. Development, 1988, 103: 391-401.

[200] Willert K, Logan C Y, Arora A, et al. A Drosophila Axin homolog, Daxin, inhibits Wnt signaling [J]. Development, 126(18): 4165-4173.

[201] Ahmed Y, Nouri A, Wieschaus E. Drosophila Apc1 and Apc2 regulate Wingless transduction throughout development [J]. Development, 2002, 129(7): 1751-1762.

[202] Aberle H, Bauer A, Stappert J, Kispert A, Kemler R. Beta-catenin is a target for the ubiquitin-proteasome pathway [J]. Embo J, 1997, 16 (13): 3797-3804.

[203] Cadigan K M, Nusse R, 1997. Wnt signaling: a common theme in animal development [J]. Genes Dev, 1997, 11(24): 3286-3305.

[204] Brunner E, Peter O, Schweizer L, Basler K. pangolin encodes a Lef-1 homologue that acts downstream of Armadillo to transduce the Wingless signal in Drosophila [J]. Nature, 1997, 385(6619): 829-833.

[205] van de Wetering M, Cavallo R, Dooijes D, van Beest M, van E J, Loureiro J, Ypma A, Hursh D, Jones T, Bejsovec A, Peifer M, Clevers H. Armadillo coactivates transcription driven by the product of the Drosophila segment polarity gene dTCF [J]. Cell, 1997, 88: 789-799.

[206] Hayashi S, Hirose S, Metcalfe T, Shirras A D. Control of imaginal cell development by the escargot gene of Drosophila [J]. Development, 1993, 118(1): 105-115.

[207] Quijano J C, Stinchfield M J, Zerlanko B, et al. The Sno Oncogene

Antagonizes Wingless Signaling during Wing Development in Drosophila [J]. PLoS One, 2010, 5(7): e11619.

[208] Kubota K, Goto S, Eto K, et al. EGF receptor attenuates Dpp signaling and helps to distinguish the wing and leg cell fates in Drosophila [J]. Development, 2000, 127(17): 3769-3776.

[209] Golembo M, Schweitzer R, Freeman M, et al. Argos transcription is induced by the Drosophila EGF receptor pathway to form an inhibitory feedback loop [J]. Development, 1996, 122(1): 223-230.

[210] Sawamoto K, Okano H, Kobayakawa Y, et al. The function of argos in regulating cell fate decisions during Drosophila eye and wing vein development [J]. Dev Biol, 1994, 164(1): 267-276.

[211] Schweitzer R, Howes R, Smith R, et al. Inhibition of Drosophila EGF receptor activation by the secreted protein Argos [J]. Nature, 1995, 376(6542): 699-702.

[212] Fristrom D K, Gotwals P, Eaton S, et al. blistered: a gene required for vein/intervein formation in wings of Drosophila [J]. Development, 1994, 120(9): 2661-2671.

[213] Montagne J, Groppe J, Guillemin K, et al. The Drosophila Serum Response Factor gene is required for the formation of intervein tissue of the wing and is allelic to blistered [J]. Development, 1996, 122(9): 2589-2597.

[214] Diaz-Benjumea F J, Garcia-Bellido A. Behaviour of cells mutant for an EGF receptor homologue of Drosophila in genetic mosaics [J]. Proc R Soc London Ser, 1990, 242(1303): 35-44.

[215] Diaz-Benjumea F J, Hafen E. The sevenless signaling cassette mediates Drosophila EGF receptor function during epidermal development [J]. Development, 1994, 120(3): 569-578.

[216] Gabay L, Seger R, Shilo B Z. In situ activation pattern of Drosophila EGF receptor pathway during development [J]. Science, 1997, 277(5329): 1103-1106.

[217] Guichard A, Biehs B, Sturtevant M A, et al. rhomboid and Star

interact synergistically to promote EGFR/MAPK signaling during Drosophila wing vein development [J]. Development, 1999, 126(12): 2663-2676.

[218] Martin-Blanco E, Roch F, Noll E, et al. A temporal switch in DER signaling controls the specification and differentiation of veins and interveins in the Drosophila wing [J]. Development, 1999, 126(24): 5739-5747.

[219] Ralston A, Blair S S. Long-range Dpp signaling is regulated to restrict BMP signaling to a crossvein competent zone [J]. Dev Biol, 2005, 280(1): 187-200.

[220] Roch F, Baonza A, Martin-Blanco E, et al. Genetic interactions and cell behavior in blistered mutants during proliferation and differentiation of the Drosophila wing [J]. Development, 1998, 125(10): 1823-1832.

[221] Tanimoto H, Itoh S, ten Dijke P, et al. Hedgehog creates a gradient of DPP activity in Drosophila wing imaginal discs [J]. Mol Cell, 2000, 5(1): 59-71.

[222] MullorJ L, Calleja M, Capdevila J, et al. Hedgehog activity, independent of de-capentaplegic, participates in wing disc patterning [J]. Development, 1997, 124(6): 1227-1237.

[223] Nestoras K, Lee H, Mohler J. Role of knot (kn) in wing patterning in Drosophila [J]. Genetics, 1997, 147(3): 1203-1212.

[224] Segal D, Gelbart W M. Shortvein, a new component of the decapentaplegic gene complex in Drosophila melanogaster [J]. Genetics, 1985, 109(1): 119-143.

[225] Spencer F A, Hoffmann F M, Gelbart W M. Decapentaplegic: a gene complex affecting morphogenesis in Drosophila melanogaster [J]. Cell, 1982, 28(3): 451-461.

[226] Sturtevant M A, Biehs B, Marin E, et al. The spalt gene links the A/P compartment boundary to a linear adult structure in the Drosophila wing [J]. Development, 1997, 124(1): 21-32.

[227] Lunde K, Biehs B, Nauber U, et al. The knirps and knirps-related genes organize development of the second wing vein in Drosophila [J]. Development, 1998, 125(21): 4145-4154.

[228] Cook O, Biehs B, Bier E. brinker and optomotor-blind act coordinately to initiate development of the L5 wing vein primordium in Drosophila [J]. Development, 2004, 131(9): 2113-2124.

[229] Ralston A, Blair S S. Long-range Dpp signaling is regulated to restrict BMP signaling to a crossvein competent zone [J]. Dev Biol, 2005, 280(1): 187-200.

[230] de Celis J F. Expression and function of decapentaplegic and thick veins during the differ-entiation of the veins in the Drosophila wing [J]. Development, 1997, 124(5): 1007-1018.

[231] Huppert S S, Jacobsen T L, Muskavitch M A. Feedback regulation is central to Delta-Notch signaling required for Drosophila wing vein morphogenesis [J]. Development, 1997, 124(17): 3283-3291.

[232] Glise B, Miller C A, Crozatier M, et al. Shifted, the Drosophila ortholog of Wnt inhibitory factor-1, controls the distribution and movement of Hedgehog [J]. Dev Cell, 2005, 8(2): 255-266.

[233] Gorfinkiel N, Sierra J, Callejo A, et al. The Drosophila ortholog of the human Wnt inhibitor factor Shifted controls the diffusion of lipid-modified Hedgehog [J]. Dev Cell, 2005, 8(2): 241-253.

[234] Wong L, Adler P. Tissue polarity genes of Drosophila regulate the subcellular location for prehair initiation in pupal wing cells [J]. J Cell Biol, 1993, 123(1): 209-221.

[235] Adler P N, Liu J, Charlton J. Inturned localizes to the proximal side of wing cells under the instruction of upstream planar polarity proteins [J]. Curr Biol, 2004, 14(22): 2046-2051.

[236] Axelrod J D. Unipolar membrane association of Dishevelled mediates Frizzled planar cell polarity signaling [J]. Genes Dev, 2001, 15(10): 1182-1187.

[237] Bastock, R, Strutt H, Strutt D. Strabismus is asymmetrically localised

and binds to Prickle and Dishevelled during Drosophila planar polarity patterning [J]. Development, 2003, 130: 3007-3014.

[238] Jenny A, Darken R S, Wilson P A, Mlodzik M. Prickle and Strabismus form a functional complex to generate a correct axis during planar cell polarity signaling [J]. EMBO J, 2003, 22: 4409-4420.

[239] Strutt D, Warrington S J. Planar polarity genes in the Drosophila wing regulate the localisation of the FH3-domain protein Multiple Wing Hairs to control the site of hair production [J]. Development, 2008, 135: 3103-3111.

[240] Strutt D I. Asymmetric localization of frizzled and the establishment of cell polarity in the Drosophila wing [J]. Mol Cell, 2001, 7: 367-375.

[241] Usui T, Shima Y, Shimada Y, Hirano S, Burgess R W, Schwarz T L, Takeichi M, Uemura T. Flamingo, a seven-pass transmembrane cadherin, regulates planar cell polarity under the control of frizzled [J]. Cell, 1999, 98 585-595.

[242] Yan J, Huen D, Morely T, Johnson G, Gubb D, Roote J, Adler P N. The multiple-wing-hairs gene encodes a novel GBD-FH3 domain-containing protein that functions both prior to and after wing hair initiation [J]. Genetics, 2008, 180: 219-228.

[243] Adler P N. Planar signaling and morphogenesis in Drosophila [J]. Dev Cell, 2002, 2: 525-535.

[244] Turner C M, Adler P N. Distinct roles for the actin and microtubule cytoskeletons in the morphogenesis of epidermal hairs during wing development inDrosophila [J]. Mech Dev, 1998, 70: 181-192.

[245] Oda H, Uemura T, Harada Y, Iwai Y, Takeichi M. A Drosophila homolog of cadherin associated with armadillo and essential for embryonic cell-cell adhesion [J]. Dev Biol, 1994 165, 716-726.

[246] Lohmann I, McGinnis N, Bodmer M, McGinnis W. The Drosophila Hox gene deformed sculpts head morphology via direct regulation of the apoptosis activator reaper [J]. Cell, 2002, 110: 457-466.

[247] Manjon C, Sanchez-Herrero E, Suzanne M. Sharp boundaries of Dpp signalling trigger local cell death required for Drosophila leg morphogenesis [J]. Nat Cell Biol, 2007, 9: 57-63.

[248] Ollmann M, Young L M, Di Como C J, Karim F, Belvin M, Robertson S, Whittaker K, Demsky M, Fisher W W, Buchman A. Drosophila p53 is a structural and functional homolog of the tumor suppressor p53 [J]. Cell, 2000, 101: 91-101.

[249] Brodsky M H, Nordstrom W, Tsang G, Kwan E, Rubin G M, Abrams J M. Drosophila p53 binds a damage response element at the reaper locus [J]. Cell, 2000, 101: 103-113.

[250] Milan M, Campuzano S, Garcia-Bellido A. Developmental parameters of cell death in the wing disc of Drosophila [J]. Proc Natl Acad Sci USA, 1997, 94: 5691-5696.

[251] Perez-Garijo A, Martin F A, Morata G. Caspase inhibition during apoptosis causes abnormal signalling and developmental aberrations in Drosophila [J]. Development, 2004, 131(22): 5591-5598.

[252] Huh J R, Guo M, Hay B A. Compensatory proliferation induced by cell death in the Drosophila wing disc requires activity of the apical cell death caspase Dronc in a nonapoptotic role [J]. Curr Biol, 2004, 14(14): 1262-1266.

[253] Ryoo H D, Gorenc T, Steller H. Apoptotic cells can induce compensatory cell proliferation through the JNK and the Wingless signaling pathways [J]. Dev Cell, 2004, 7(4): 491-501.

[254] Martin F A, Pérez-Garijo A, Morata G. Apoptosis in Drosophila: compensatory proliferation and undead cells [J]. Int J Dev Biol, 2009, 53(8-10): 1341-1347.

[255] Weston C R, Davis R J. The JNK signal transduction pathway [J]. Curr Opin Cell Biol, 2007, 19(2): 142-149.

[256] Pérez-Garijo A, Shlevkov E, Morata G. The role of Dpp and Wg in compensatory proliferation and in the formation of hyperplastic overgrowths caused by apoptotic cells in the Drosophila wing disc

[J]. Development, 2009, 136(7): 1169-1177.

[257] Wu C, Chen C, Dai J, et al. Toll pathway modulates TNF-induced JNK-dependent cell death in Drosophila [J]. Open Biol, 2005, 5(7): 140171.

[258] Sun G, Irvine K D. Ajuba Family Proteins Link JNK to Hippo Signaling [J]. Sci Signal, 2013, 6(292): ra81.

[259] Ma X, Xu W, Zhang D, et al. Wallenda regulates JNK-mediated cell death in Drosophila [J]. Cell Death Dis, 2015, 6(5): e1737.

[260] Hwang S, Song S, Hong Y K, et al. Drosophila DJ-1 decreases neural sensitivity to stress by negatively regulating Daxx-like protein through dFOXO [J]. PLoS Genet, 2013, 9(4): e1003412.

[261] Trifonov S, Houtani T, Shimizu J, et al. GPR155: Gene organization, multiple mRNA splice variants and expression in mouse central nervous system [J]. Biochem Biophys Res Commun, 2010, 398(1): 19-25.

[262] Brochier C, Gaillard M C, Diguet E, et al. Quantitative gene expression profiling of mouse brain regions reveals differential transcripts conserved in human and affected in disease models [J]. Physiol Genomics, 2008, 33(2): 170-179.

[263] Shimizu D, Kanda M, Tanaka H, et al. GPR155 Serves as a Predictive Biomarker for Hematogenous Metastasis in Patients with Gastric Cancer [J]. Sci Rep, 2017, 7: 42089.

[264] Coffer P J, Burgering B M. Forkhead-box transcription factors and their role in the immune system [J]. Nat Rev Immunol, 2004, 4(11): 889-899.

[265] Cheah P Y, Chia W, Yang X. Jumeaux, a novel Drosophila winged-helix family protein, is required for generating asymmetric sibling neuronal cell fates [J]. Development, 2000, 127(15): 3325-3335.

[266] Strödicke M, Karberg S, Korge G. Domina (Dom), a new Drosophila member of the FKH/WH gene family, affects morphogenesis and is a suppressor of position-effect variegation [J]. Mech Dev, 2000, 96(1):

67-78.

[267] Ahmad S M, Tansey T R, Busser B W, et al. Two Forkhead Transcription Factors Regulate the Division of Cardiac Progenitor Cells by a Polo-Dependent Pathway [J]. Dev Cell, 2012, 23(1): 97-111.

[268] Jin L H, Shim J, Yoon J S, et al. Identification and functional analysis of antifungal immune response genes in Drosophila [J]. PLoS Pathogens, 2008, 4(10): e1000168.

[269] Ahmad S M, Bhattacharyya P, Jeffries N, et al. Two Forkhead transcription factors regulate cardiac progenitor specification by controlling the expression of receptors of the fibroblast growth factor and Wnt signaling pathways [J]. Development, 2016, 143(2): 306-317.

[270] Zhang G, Hao Y, Jin L H. Overexpression of jumu induces melanotic nodules by activating Toll signaling in Drosophila [J]. Insect Biochem Mol Biol, 2016, 77: 31-38.

[271] Hao Y, Jin L H. Dual role for Jumu in the control of hematopoietic progenitors in the Drosophila lymph gland [J]. Elife, 2017, 6: e25094.

[272] Day S J, Lawrence P A. Measuring dimensions: the regulation of size and shape [J]. Development, 2000, 127(14): 2977-2987.

[273] Martín F A, Peréz-Garijo A, Morata G. Apoptosis in Drosophila: compensatory proliferation and undead cells [J]. Int J Dev Biol, 2009, 53(8-10): 1341-1347.

[274] Haerry T E. The interaction between two TGF-beta type I receptors plays important roles in ligand binding, SMAD activation, and gradient formation [J]. Mech Dev, 2010, 127(7-8): 358-370.

[275] Nellen D, Burke R, Struhl G, et al. Direct and long-range action of a DPP morphogen gradient [J]. Cell, 1996, 85(3): 357-368.

[276] O'Keefe D D, Thomas S, Edgar B A, et al. Temporal regulation of Dpp signaling output in the Drosophila wing [J]. Dev Dyn, 2014,

243(6): 818-832.

[277] Sotillos S, De Celis J F. Interactions between the Notch, EGFR, and decapentaplegic signaling pathways regulate vein differentiation during Drosophila pupal wing development [J]. Dev Dyn, 2005, 232 (3): 738-752.

[278] Bangi E, Wharton K. Dual function of the Drosophila Alk1/Alk2 ortholog Saxophone shapes the Bmp activity gradient in the wing imaginal disc [J]. Development, 2006, 133(17): 3295-3303.

[279] Wu C, Chen C, Dai J, et al. Toll pathway modulates TNF-induced JNK-dependent cell death in Drosophila [J]. Open Biol, 2015, 5 (7): 140171.

[280] Sun G, Irvine K D. Ajuba Family Proteins Link JNK to Hippo Signaling [J]. Sci Signal, 2013, 6(292): ra81.

[281] Ma X, Xu W, Zhang D, et al. Wallenda regulates JNK-mediated cell death in Drosophila [J]. Cell Death Dis, 2015, 6(5): e1737.

[282] Hwang S, Song S, Hong Y K, et al. Drosophila DJ-1 decreases neural sensitivity to stress by negatively regulating Daxx-like protein through dFOXO [J]. PLoS Genet, 2013, 9: e1003412.

[283] Dichtel-Danjoy M L, Ma D, Dourlen P, et al. Drosophila p53 isoforms differentially regulate apoptosis and apoptosis-induced proliferation [J]. Cell Death Differ, 2013, 20(1): 108-116.

[284] Herrera S C, Martín R, Morata G. Tissue homeostasis in the wing disc of Drosophila melanogaster: immediate response to massive damage during development [J]. PLoS Genet, 2013, 9(4): e1003446.

[285] Martín-Blanco E, Gampel A, Ring J, Virdee K, Kirov N, Tolkovsky A M, Martinez-Arias A. puckered encodes a phosphatase that mediates a feedback loop regulating JNK activity during dorsal closure in Drosophila [J]. Genes Dev, 1998 puckered encodes a phosphatase that mediates a feedback loop regulating JNK activity during dorsal closure in Drosophila, 12(4): 557-570.

[286] Martín-Castellanos C, Edgar B A. A characterization of the effects of Dpp

signaling on cell growth and proliferation in the Drosophila wing [J]. Development, 2002, 129(4): 1003-1013.

[287] Martín F A, Pérez-Garijo A, Moreno E, et al. The brinker gradient controls wing growth in Drosophila [J]. Development, 2004, 131(20): 4921-4930.

[288] Herrera S C, Martín R, Morata G. Tissue homeostasis in the wing disc of Drosophila melanogaster: immediate response to massive damage during development [J]. Int J Dev Biol, 2009, 53(4): 1341-1347.

[289] O'Connor M B, Umulis D, Othmer H G, et al. Shaping BMP morphogen gradients in the Drosophila embryo and pupal wing [J]. Development, 2006, 133(2): 183-193.

[290] Mathew S J, Haubert D, Krönke M, et al. Looking beyond death: a morphogenetic role for the TNF signalling pathway [J]. J Cell Sci, 2006, 122(Pt 12): 1939-1946.

[291] Neisch A L, Speck O, Stronach B, et al. Rho1 regulates apoptosis via activation of the JNK signaling pathway at the plasma membrane [J]. J Cell Biol, 2010, 189(2): 311-323.

[292] Yan J, Lu Q, Fang X, et al. Rho1 has multiple functions in Drosophila wing planar polarity [J]. Dev Biol, 2009, 333(1): 186-199.

[293] Gumbiner B M. Regulation of cadherin-mediated adhesion in morphogenesis [J]. Nat Rev Mol Cell Biol, 2005, 6: 622-634.

[294] Serrano N, O'Farrell P H. Limb morphogenesis: connections between patterning and growth [J]. Curr Biol, 1997, 7(3): R186-R195.

[295] Campbell G, Weaver T, Tomlinson A. Axis specification in the developing Drosophila appendage: the role of wingless, decapentaplegic, and the homeobox gene aristaless [J]. Cell, 1993, 74(6): 1113-1123.

[296] Akiyama T, Kamimura K, Firkus C, et al. Dally regulates Dpp morphogen gradient formation by stabilizing Dpp on the cell surface [J]. Dev Biol, 2008, 313(1): 408-419.

[297] Entchev E V, Schwabedissen A, González-Gaitán M. Gradient formation of the TGF-beta homolog Dpp [J]. Cell, 2000, 103(6): 981-991.

[298] Teleman A A, Cohen S M. Dpp gradient formation in the Drosophila wing imaginal disc [J]. Cell, 2000, 103(6): 971-980.

[299] Affolter M, Basler K. The Decapentaplegic morphogen gradient: from pattern formation to growth regulation [J]. Nat Rev Genet, 2007, 8(9): 663-674.

[300] Martín-Castellanos C, Edgar B A. A characterization of the effects of Dpp signaling on cell growth and proliferation in the Drosophila wing [J]. Development, 2002, 129(4): 1003-1013.

[301] Nellen D, Burke R, Struhl G, et al. Direct and long-range action of a DPP morphogen gradient [J]. Cell, 1996, 85(3): 357-368.

[302] Künnapuu J, Björkgren I, Shimmi O. The Drosophila DPP signal is produced by cleavage of its proprotein at evolutionary diversified furin-recognition sites [J]. Proc Natl Acad Sci USA, 2009, 106(21): 8501-8506.

[303] Spencer F A, Hoffmann F M, Gelbart W M. Decapentaplegic: a gene complex affecting morphogenesis in Drosophila melanogaster [J]. Cell, 1982, 28(3): 451-461.

[304] Neumann C J, Cohen S M. Long-range action of Wingless organizes the dorsal-ventral axis of the Drosophila wing [J]. Development, 1997, 124(4): 871-880.

[305] Strigini M, Cohen S M. Wingless gradient formation in the Drosophila wing [J]. Curr Biol, 2000, 10(6): 293-300.

[306] Zecca M, Basler K, Struhl G. Direct and long-range action of a wingless morphogen gradient [J]. Cell, 1996, 87(5): 833-844.

[307] Huang J, Feng Y, Chen X, et al. Myc inhibits JNK-mediated cell death in vivo [J]. Apoptosis, 2017, 22(4): 479-490.

[308] de la Cova C, Abril M, Bellosta P, et al. Drosophila myc regulates organ size by inducing cell competition [J]. Cell, 2004, 117(1):

107-116.

[309] Wu D C, Johnston L A. Control of wing size and proportions by Drosophila myc [J]. Genetics, 2010, 184(1): 199-211.

[310] Hall A. Small GTP-binding proteins and the regulation of the actin cytoskeleton [J]. Annu Rev Cell Biol, 1994, 10: 31-54.

[311] Chant J, Stowers L. GTPase cascades choreographing cellular behavior: movement, morphogenesis, and more [J]. Cell, 1995, 81(1): 1-4.

[312] Bloor J W, Kiehart D P. Drosophila RhoA regulates the cytoskeleton and cell-cell adhesion in the developing epidermis [J]. Development, 2002, 129(13): 3173-3183.

[313] Vidal M, Larson D E, Cagan R L. Csk-deficient boundary cells are eliminated from normal Drosophila epithelia by exclusion, migration, and apoptosis [J]. Dev Cell, 2006, 10(1): 33-44.

[314] Warner S J, Yashiro H, Longmore G D. The Cdc42/Par6/aPKC Polarity Complex Regulates Apoptosis - Induced Compensatory Proliferation in Epithelia [J]. Curr Biol, 2010, 20(8): 677-686.

[315] Chountala M, Vakaloglou K M, Zervas C G. Parvin Overexpression Uncovers Tissue-Specific Genetic Pathways and Disrupts F-Actin to Induce Apoptosis in the Developing Epithelia in Drosophila [J]. PLoS One, 2012, 7(10): e47355.

[316] Magie C R, Pinto-Santini D, Parkhurst S M. Rho1 interacts with p120ctn and alpha-catenin, and regulates cadherin-based adherens junction components in Drosophila [J]. Development, 2002, 129(16): 3771-3782.

[317] Rubin G M, Lewis E B. A brief history of Drosophila's contributions to genome research [J]. Science, 2000: 2216-2218.

[318] Gonzalez C. Drosophila melanogaster: a model and a tool to investigate malignancy and identify new therapeutics [J]. Nat Rev Cancer, 2013: 172-183.

[319] Papatsenko D. Stripe formation in the early fly embryo: principles,

models, and networks [J]. Bioessays, 2009: 1172-1180.

[320] Erickson JL. Formation and maintenance of morphogen gradients: an essential role for the endomembrane system in Drosophila melanogaster wing development [J]. Fly (Austin), 2011: 266-271.

[321] Weasner BM, Kumar JP. Competition among gene regulatory networks imposes order within the eye-antennal disc of Drosophila [J]. Development, 2013: 205-215.

[322] Kojima T. Precise establishment and maintenance of region specific cell fate by interactions between genes encoding transcription factors during Drosophila leg development [J]. Tanpakushitsu Kakusan Koso, 2006: 256-261.

[323] Reichert H. Drosophila neural stem cells: cell cycle control of self-renewal, differentiation, and termination in brain development [J]. Results Probl Cell Differ, 2011: 529-546.

[324] Brandt R, Paululat A. Microcompartments in the Drosophila heart and the mammalian brain: general features and common principles [J]. Biol Chem, 2013: 217-230.

[325] Cattenoz P B, Giangrande A. Lineage specification in the fly nervous system and evolutionary implications [J]. Cell Cycle, 2013: 2753-2759.

[326] Shim J, Gururaja-Rao S, Banerjee U. Nutritional regulation of stem and progenitor cells in Drosophila [J]. Dev, 2013: 4647-4656.

[327] Kounatidis I, Ligoxygakis P. Drosophila as a model system to unravel the layers of innate immunity to infection [J]. Open Biol, 2012: 120075.

[328] Bonini N M, Gitler A D. Model organisms reveal insight into human neurodegenerative disease: ataxin-2 intermediate-lengthpoly glutamine expansions are a risk factor for ALS [J]. J Mol Neurosci, 2011: 676-683.

[329] Guo M. Drosophila as a model to study mitochondrial dysfunction in Parkinson's disease [J]. Cold Spring Harb Perspect Med, 2012: a009944.

[330] McBride S M, Bell A J, Jongens T A. Behavior in a Drosophila

model of fragile X [J]. Results Probl Cell Differ, 2012: 83-117.

[331] Bonner J M, Boulianne G L. Drosophila as a model to study age-related neurodegenerative disorders: Alzheimer's disease [J]. Exp Gerontol, 2011: 335-339.

[332] Imler J L, Bulet P. Antimicrobial peptides in Drosophila: structures, activities and gene regulation [J]. Chem Immunol Allergy, 2005: 1-21.

[333] Tabuchi Y, Shiratsuchi A, Kurokawa K, et al. Inhibitory role for D-alanylation of wall teichoic acid in activation of insect Toll pathway by peptidoglycan of Staphylococcus aureus [J]. J Immunol, 2010: 2424-2431.

[334] Quintin J, Asmar J, Matskevich A A, et al. The Drosophila Toll pathway controls but does not clear Candida glabrata infections [J]. J Immunol, 2013: 2818-2827.

[335] Hanke M L, Kielian T. Toll-like receptors in health and disease in the brain: mechanisms and therapeutic potential [J]. Clin Sci (Lond), 2011: 367-387.

[336] Neyen C, Poidevin M, Roussel A, et al. Tissue-and ligand-specific sensing of gram-negative infection in Drosophila by PGRP-LC isoforms and PGRP-LE [J]. J Immunol, 2012: 1886-1897.

[337] Kleino A, Silverman N. TheDrosophila IMD pathway in the activation of the humoral immune response [J]. Dev Comp Immunol. 2014, 42(1): 25-35.

[338] Holz A, Bossinger B, Strasser T, et al. The two origins of hemocytes in Drosophila [J]. Dev, 2003: 4955-4962.

[339] Markus R, Laurinyecz B, Kurucz E, et al. Sessile hemocytes as a hematopoietic compartment in Drosophila melanogaster [J]. Proc Natl Acad Sci USA, 2009: 4805-4809.

[340] Krzemien J, Oyallon J, Crozatier M, et al. Hematopoietic progenitors and hemocyte lineages in the Drosophila lymph gland [J]. Dev Biol, 2010: 310-319.

[341] Parsons B, Foley E. The Drosophila platelet-derived growth factor and vascular endothelial growth factor-receptor related (Pvr) protein ligands Pvf2 and Pvf3 control hemocyte viability and invasive migration [J]. J Biol Chem, 2013: 20173-20183.

[342] Sinenko S A, Mathey-Prevot B. Increased expression of Drosophila tetraspanin, Tsp68C, suppresses the abnormal proliferation of ytr-deficient and Ras/Raf-activated hemocytes [J]. Oncogene, 2004: 9120-9128.

[343] Agaisse H, Petersen UM, Boutros M, Mathey-Prevot B, Perrimon N. Signaling role of hemocytes in Drosophila JAK/STAT-dependent response to septic injury [J]. Dev Cell, 2003: 441-450.

[344] Tang H, Kambris Z, Lemaitre B, et al. Two proteases defining a melanization cascade in the immune system of Drosophila [J]. J Biol Chem, 2006: 28097-28104.

[345] Tang H. Regulation and function of the melanization reaction in Drosophila [J]. Fly (Austin), 2009: 105-111.

[346] 周庆军, 胡若真, 邵健忠, 等. Notch 信号转导与调控 [J]. 生物化学与生物物理进展, 2004: 198-203.

[347] Tanigaki K, Honjo T. Two opposing roles of RBP-J in Notch signaling [J]. Curr Top Dev Biol, 2010: 231-252.

[348] Bray S J. Notch signalling: a simple pathway becomes complex [J]. Nat Rev Mol Cell Biol, 2006: 678-689.

[349] Gross G G, Lone G M, Leung LK, et al. X11/Mint genes control polarized localization of axonal membrane proteins in vivo [J]. J Neurosci, 2013: 8575-8586.

[350] Duvic B, Hoffmann J A, Meister M, et al. Notch signaling controls lineage specification during Drosophila larval hematopoiesis [J]. Curr Biol, 2002: 1923-1927.

[351] Zacharioudaki E, Magadi S S, Delidakis C. bHLH-O proteins are crucial for Drosophila neuroblast self-renewal and mediate Notch-induced overproliferation [J]. Development, 2012: 1258-1269.

[352] Knust E, Schrons H, Grawe F, et al. Seven genes of the Enhancer of split complex of Drosophila melanogaster encode helix-loop-helix proteins. Genetics [J]. 1992, 132(2): 505-518.

[353] Bailey A M, Posakony J W. Suppressor of hairless directly activates transcription of enhancer of split complex genes in response to Notch receptor activity [J]. Genes Dev, 1995: 2609-2622.

[354] Lecourtois M, Schweisguth F. The neurogenic suppressor of hairless DNA-binding protein mediates the transcriptional activation of the enhancer of split complex genes triggered by Notch signaling [J]. Genes Dev, 1995: 2598-2608.

[355] Turki-Judeh W, Courey A J. The unconserved groucho central region is essential for viability and modulates target gene specificity [J]. PLoS One, 2012: e30610.

[356] Hsiao Y L, Chen Y J, Chang Y J, et al. Proneural proteins Achaete and Scute associate with nuclear actin to promote formation of external sensory organs [J]. J Cell Sci, 2014: 182-190.

[357] Geissler K, Zach O. Pathways involved in Drosophila and human cancer development: the Notch, Hedgehog, Wingless, Runt, and Trithorax pathway [J]. Ann Hematol, 2012: 645-669.

[358] Yanfeng W A, Berhane H, Mola M, et al. Functional dissection of phosphorylation of Disheveled in Drosophila [J]. Dev Biol, 2011: 132-142.

[359] Lin H H. G-protein-coupled receptors and their (Bio) chemical significance win 2012 Nobel Prize in Chemistry [J]. Biomed J, 2013: 118-124.

[360] Hamid E, Church E, Wells C A, et al. Modulation of neurotransmission by GPCRs is dependent upon the microarchitecture of the primed vesicle complex [J]. J Neurosci, 2014: 260-274.

[361] Lundius E G, Vukojevic V, Hertz E, et al. GPR37 protein trafficking to the plasma membrane regulated by prosaposin and GM1 gangliosides promotes cell viability [J]. J Biol Chem, 2014:

4660-4673.

[362] Wallert M A, Thronson H L, Korpi NL, et al. Two G protein-coupled receptors activate Na+/H+ exchanger isoform 1 in Chinese hamster lung fibroblasts through an ERK-dependent pathway [J]. Cell Signal, 2005: 231-242.

[363] Tang X L, Wang Y, Li DL, et al. Orphan G protein-coupled receptors (GPCRs): biological functions and potential drug targets [J]. Acta Pharmacol Sin, 2012: 363-371.

[364] Suwa M, Ono Y. Computational overview of GPCR gene universe to support reverse chemical genomics study [J]. Methods Mol Biol, 2009: 41-54.

[365] Sakurai T. Reverse pharmacology of orexin: from an orphan GPCR to integrative physiology [J]. Regul Pept, 2005: 3-10.

[366] Kutzleb C, Busmann A, Wendland M, et al. Discovery of novel regulatory peptides by reverse pharmacology: spotlight on chemerin and the RF-amide peptides metastin and QRFP [J]. Curr Protein Pept Sci, 2005: 265-278.

[367] Bortolato A, Doré AS, Hollenstein K, et al. Structure of Class B GPCRs: New Horizons for Drug Discovery [J]. Br J Pharmacol, 2014: 3132-3145.

[368] Guo D, Hillger J M, Ijzerman A P, et al. Drug-Target Residence Time-A Case for G Protein-Coupled Receptors [J]. Med Res Rev, 2014: 856-892.

[369] Emery A C. Catecholamine receptors: prototypes for GPCR-based drug discovery [J]. Adv Pharmacol, 2013: 335-356.

[370] Cooley L, Kelley R, Spradling A. Insertional Mutagenesis of the Drosophila Genome with Single P Elements [J]. Science, 1988: 1121-1128.

[371] Volker H, Yuh N J. Studying Drosophila embryo genesis with P-lacZ enhancer trap lines [J]. Roux's Arch Dev Biol, 1992: 194-220.

[372] 段云, 温硕洋, 邓小娟, 等. 果蝇的天然免疫 [J]. 免疫学杂

志, 2004: 24-27.

[373] Artavanis-Tsakonas S, Rand MD, Lake RJ. Notch signaling: cell fate control and signal integration in development [J]. Science, 1999: 770-776.

[374] 赵梅, 韩伟. Notch 信号传导通路相关疾病的研究进展 [J]. 生物化学与生物物理学进展, 2006: 1154-1160.

[375] Girard L, Hanna Z, Beaulieu N. Frequent provirus insertional mutagenesis of Notch1 in thymomas of MMTVD/myc transgenic mice suggests a collaboration of c-myc and Notch1 for oncogenesis [J]. Genes Dev, 1996: 1930-1944.

[376] Weng A P, Aster J C. Multiple niches for Notch in cancer: context is everything [J]. Curr Opin Genet Dev, 2004: 48-54.

[377] Sabin L R, Hanna S L, Cherry S. Innate antiviral immunity in Drosophila [J]. Curr Opin Immunol, 2010: 4-9.

[378] Ferrandon D, Imler J L, Hetru C, et al. The Drosophila systemic immune response: sensing and signalling during bacterial and fungal infections [J]. Nat Rev Immunol, 2007: 862-874.

[379] Lemaitre B, Hoffmann J. The host defense of Drosophila melanogaster [J]. Annu Rev Immunol, 2007: 697-743.

[380] Paladi M, Tepass U. Function of Rho GTPases in embryonic Blood cell migration in Drosophila [J]. J Cell Sci, 2004: 6313-6326.

[381] Massol P, Montcourrier P, Guillemot JC, et al. Fc receptor-mediated phagocytosis requires CDC42 and Rac1 [J]. EMBO J, 1998: 6219-6229.

[382] Cox D, Chang P, Zhang Q, et al. Requirements for both Rac1 and Cdc42 in membrane ruffling and phagocytosis in leukocytes [J]. J Exp Med, 1997: 1487-1494.

[383] Wang L, Kounatidis I, Ligoxygakis P. Drosophila as a model to study the role of blood cells in inflammation, innate immunity and cancer [J]. Front Cell Infect Microbiol, 2014: 113.

[384] Harrison D A, Binari R, Nahreini TS, et al. Activation of a

Drosophila Janus kinase(JAK) causes hematopoietic neoplasia and developmental defects [J]. EMBO J, 1995: 2857-2865.

[385] Lacronique V, Boureux A, Valle VD, et al. A TEL-JAK2 fusion protein with constitutive kinase activity in human leukemia [J]. Science, 1997: 1309-1312.

[386] Mandal L, Martinez-Agosto J A, Evans C J, et al. A Hedgehog-and Antennapedia-dependent niche maintains Drosophila haematopoietic precursors [J]. Nature, 2007: 320-324.

[387] Krzemień J, Dubois L, Makki R, et al. Control of blood cell homeostasis in Drosophila larvae by the posterior signalling centre [J]. Nature, 2007: 325-328.

[388] Radtke F, Wilson A, MacDonald H R. Notch signaling in hematopoiesis and lymphopoiesis: lessons from Drosophila [J]. Bioessays, 2005: 1117-1128.

[389] Tanigaki K, Honjo T. Regulation of lymphocyte development by Notch signaling [J]. Nat Immunol, 2007: 451-456.

[390] Sinenko SA, Mandal L, Martinez-Agosto JA, et al. Dual role of wingless signaling in stem-like hematopoietic precursor maintenance in Drosophila [J]. Dev Cell, 2009: 756-763.

[391] Ahmad K, Golic K G. Somatic reversion of chromosomal position effects in Drosophila melanogaster [J]. Genetics, 1996: 657-670.

[392] Golic M M, Rong Y S, Petersen R B, et al. FLP-mediated DNA mobilization to specific target sites in Drosophila chromosomes [J]. Nucleic Acids Res, 1997: 3665-3671.

[393] 陈文秋, 王贵华, 李田, 等. 银黄口服液中苯甲酸钠和羟苯乙酯的定量分析 [J]. 中国药业, 2005, 14: 56-57.

[394] 翁江来, 马长伟. 苯甲酸和苯甲酸钠在肉制品中应用的探讨 [J]. 肉类研究, 2005, 5: 48-50.

[395] 刘春明, 邓艳超, 程军. 苯甲酸对果蝇生长发育的影响 [J]. 吉林师范大学学报, 2017, 3: 94-96.

[396] 李江, 李晓明, 雷健, 等. 苯甲酸钠对小鼠精子畸形率的影响

[J]. 当代畜牧, 2013, 7: 32-33.

[397] Turnbaugh P J, Ley R E, Mahowald M A, et al. An obesity-associated gut microbiome with increasedcapacityforenergyharvest [J]. Nature, 2006, 444: 1027-1031.

[398] Suez J, Korem T, Zeevi D, et al. Artificial sweeteners induce glucose intolerance by altering the gut microbiota [J]. Nature, 2014, 514: 181-186.

[399] 万永奇, 谢维. 生命科学与人类疾病研究的重要模型——果蝇 [J]. 生命科学, 2006 (5): 425-429.